计算机系列教材

杜隆胤　编著

面向系统集成的C51单片机教程

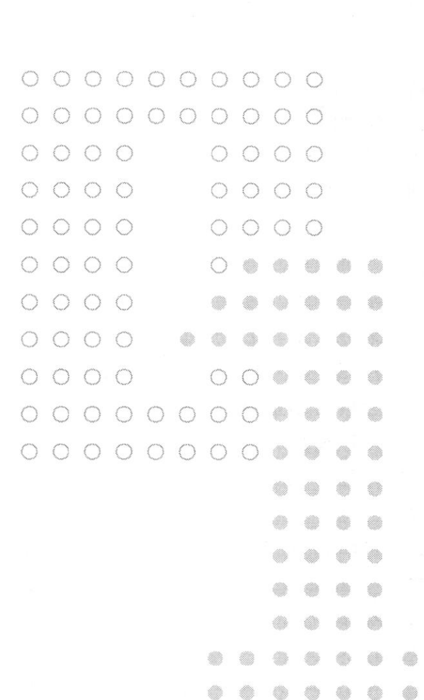

清华大学出版社
北京

内容简介

本书在逐步展现51单片机原理及相关应用的同时，通过实例及剖析实时引入循环轮询多任务的调度思想，让读者在学习51单片机基础知识的同时，循序渐进地领悟如何将多个功能有机融合成一个实用系统。

本书理论和实践并举，让读者以轻松的方式理解晦涩难懂的理论。只要是具有一定C语言基础的读者，都能通过阅读本书轻松掌握51单片机的使用并实现系统集成。本书由多年从事本课程教学的一线老师编写，十分适合该课程的教学使用，所有实例代码都是多年教学中积累的实际应用代码，读者均可放心使用。

本书可作为计算机及电子类物联网相关专业本科生的"51单片机"课程教材。

图书在版编目(CIP)数据

面向系统集成的C51单片机教程/杜隆胤编著.—北京：清华大学出版社，2020.7
计算机系列教材
ISBN 978-7-302-55393-9

Ⅰ.①面…　Ⅱ.①杜…　Ⅲ.①单片微型计算机－C语言－程序设计－高等学校－教材　Ⅳ.①TP368.1②TP312.8

中国版本图书馆CIP数据核字(2020)第068547号

责任编辑：郭　赛
封面设计：常雪影
责任校对：时翠兰
责任印制：刘海龙

出版发行：清华大学出版社
网　　址：http://www.tup.com.cn，http://www.wqbook.com
地　　址：北京清华大学学研大厦A座　　**邮　　编**：100084
社 总 机：010-62770175　　**邮　　购**：010-83470235
投稿与读者服务：010-62776969，c-service@tup.tsinghua.edu.cn
质量反馈：010-62772015，zhiliang@tup.tsinghua.edu.cn
课件下载：http://www.tup.com.cn，010-83470236
印 装 者：三河市少明印务有限公司
经　　销：全国新华书店
开　　本：185mm×260mm　　**印　　张**：11.25　　**字　　数**：256千字
版　　次：2020年8月第1版　　**印　　次**：2020年8月第1次印刷
定　　价：44.50元

产品编号：084402-01

前　言

51系列单片机以价格低廉、功耗低、体积小、兼容性好等优势在一些对计算能力要求不高的嵌入式应用中得到了广泛应用，同时因其结构简单、易于学习掌握，常常作为嵌入式初学者的入门学习对象，利于初学者对嵌入式开发基本流程、硬件底层工作机制、常用外设接口等知识的理解和应用。

本书为学习51单片机应运而生，避免说教式的知识传授，将理论与应用紧密结合，力图让读者在学习51单片机基本知识的基础上掌握常规外设的使用，最终能够设计应用系统。为达到该目的，本书所有知识点的设置都是以应用为目的的。通过一系列的应用反刍基本理论，实时引入循环轮询多任务思想，让读者潜移默化地掌握系统集成的基本技能，避免出现只会做独立功能却无法实现功能集成的尴尬。

本书思路清晰、备注完整的示例代码降低了代码理解难度，为初学者反刍基本知识提供了直接驱动力；以修改示例代码实现功能提升或功能变更的练习设置降低了编码难度，提升了编码成就感，牢牢抓住读者的学习兴趣；一系列渐进式练习可以让读者一步步提升编码能力，在不知不觉中领悟多任务编程诀窍，为后期挥洒自如地编写代码提供前期准备。

本书力图做到语言简明易懂，对于一些专业性较强（特别是计算机组成原理和操作系统的相关知识）的词汇或概念，尽量加以注释降低理解难度。因此，对于非计算机专业的读者来说，使用本书学习51单片机不会因缺乏专业知识而感到困惑。对于计算机专业的读者来说，本书的一些理论知识或许已经掌握，所以阅读时会感到更加轻松。

本书假设读者已有C语言编程基础，同时还掌握了一定的电路相关常识。请读者在阅读本书前确保自身已掌握C语言程序结构、变量、数组、函数、指针、结构体等相关知识。要求的电路基本常识主要有电容、电阻、二极管、三极管等，即使没有学过电路相关课程也不会影响对本书内容的理解。但作为嵌入式开发人员来说，基本的电路常识是必需的。因此在遇到一些不太清楚的电路常识时，请读者自行查阅相关资料。

本书的目的在于51单片机基本知识的掌握及应用，但嵌入式开发本身涉及的知识非常庞杂，对于一些不影响课程本身理解的知识，本书都以简单介绍的方式讲述，并在适当位置提示读者自行查阅相关资料。

经过一年的嵌入式编码经历、数年的教学和潜心研究、数月的编撰修改，本书才得以成型，希望为还在黑暗中摸索的您带来简洁明了的指引，让您的嵌入式学习之路少一些坎坷。

由于编者水平有限，不妥之处在所难免，恳请各位专家、同行和读者批评指正，同时也欢迎感兴趣的读者来信交流。

编　者

2020年6月2日

目　　录

第 1 章　51 单片机概述

1.1　单片机与嵌入式系统

所谓单片机，就是单片微型计算机，即将 CPU、RAM、ROM、定时/计数器及多种 I/O 接口电路集成到一块集成电路芯片上的微型计算机。单片机也称微控制器(Micro-controller Unit，MCU)或嵌入式控制器(Embedded Micro-controller Unit，EMCU)。与普通的 CPU 相比，单片机在一块芯片中不但集成了运算器(ALU)和控制器(CU)，还集成了主存和 I/O 接口，甚至集成了“硬盘”。图 1.1 就是 STC89C 系列单片机的资源结构图。

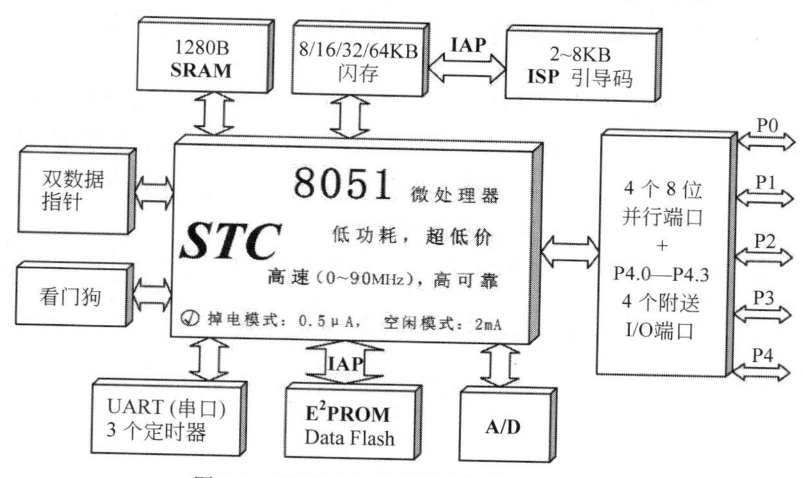

图 1.1　STC89C 系列单片机资源结构图

嵌入式系统是一种完全嵌入受控器件内部，为特定应用而设计的专用计算机系统，它以应用为中心，以计算机技术为基础，软硬件可裁剪，适用于对功能、可靠性、成本、体积、功耗等严格要求的专用计算机系统。

嵌入式系统的一个重要特点体现在“嵌入”上，即需要将专用的计算机系统嵌入受控器件内部，该计算机系统必须具有体积小、低功耗、成本低等特点。而这也正是单片机所具有的特点。因此，嵌入式系统一般采用单片机作为计算机硬件，也可以说单片机从一开始就是为嵌入式系统而生的，或者说嵌入式系统就是由受控器件内部嵌入的单片机以及相应软件组成的计算机应用系统。

1.2　单片机的发展概况

单片机的发展与微机的发展历程类似，都有着如下发展趋势：速度从慢到快、位数从少到多、支持内存从小到大、接口类型从简单到复杂。

从 1974 年到 1978 年，单片机经历了从无到有的发展历程。单片机最初以 4 位机为主，主要用于一些简单的控制领域，如洗衣机、微波炉、电磁炉以及一些高档玩具等。后来单片机的集成度进一步增加，一块芯片内包含了 8 位 CPU、定时/计数器和并行 I/O 口以及 RAM 和 ROM 等，该时期的典型代表为 Intel 公司的 MCS-48 单片机。

1978 年后，随着集成化技术的提高，芯片的 CPU 位数从 8 位发展到了 16 位以及后来的 32 位，CPU 支持的主频也越来越高，芯片内集成的 RAM 和 ROM 容量也越来越大，使得单片机能应用到一些复杂的控制领域。该时期具有代表性的产品为 Intel 公司的 MCS-51 系列单片机和 Motorola 公司的 6801 系列单片机。

1990 年后，ARM 公司设计的 ARM 嵌入式处理器异军突起，迅速占领了嵌入式领域的大部分市场。当前已有 64 位 ARM 芯片开始进入嵌入式领域。同时，随着嵌入式芯片性能的日益强劲，嵌入式系统拥有了越来越强大的处理能力，逐渐弱化了嵌入式系统与 PC 之间的界线。

1.3 51 系列单片机及主要生产厂家和机型

51 单片机是指 20 世纪 80 年代 Intel 公司开发的 8051 单片机内核的统称，凡是与 8051 内核一样的单片机都统称为 51 系列单片机。随着 Intel 公司生产的 MCS-51 系列单片机的应用日益普及，MCS-51 系列单片机受到了越来越多的嵌入式产品厂家的青睐，越来越多的芯片生产厂家开始生产 51 系列单片机，主要有：

- 美国 Intel 公司的 MCS-51 系列及其增强型、扩展型系列单片机；
- 中国 STC 宏晶科技公司的 STC89C 和 STC12 等系列单片机；
- 美国 Atmel 公司的 AT89 系列和 AT90 系列单片机；
- 其他以 51 系列单片机为内核的专业应用芯片，如美国 Teridian Semiconductor 公司的 71M6521D、71M6521F 等计量芯片和 TI 公司的无线通信芯片 CC2530 系列单片机等。

由于 51 系列单片机品种繁多、兼容性好、性价比高、软硬件设计资料齐全丰富，因此 51 系列单片机及其衍生出的兼容机型仍将是嵌入式控制领域的主要机型。

1.4 单片机编程

单片机是嵌入嵌入式产品中的，由于成本等因素的限制，嵌入式产品不会也没有必要提供为其自身开发程序的环境。因此，不同于 PC 上的应用程序开发模式（本机开发的程序可以在本机运行），单片及程序开发需要在 PC 上完成编码、编译的过程，然后通过某种特殊的方式向单片机内部写入相应的机器代码，最后才能在单片机上运行。

在 PC 上为单片机编译代码的过程称为交叉编译。由于不同种类的单片机指令系统不尽相同，因此在进行交叉编译之前，必须指定交叉编译的目标代码即将运行的单片机（目标机）型号。图 1.2 为单片机开发基本示意图。

图 1.2 的左边为用于开发的 PC，称为上位机，右边为单片机所在的应用平台，称为下位机或目标机。将目标代码写入下位机的过程称为烧录或下载。

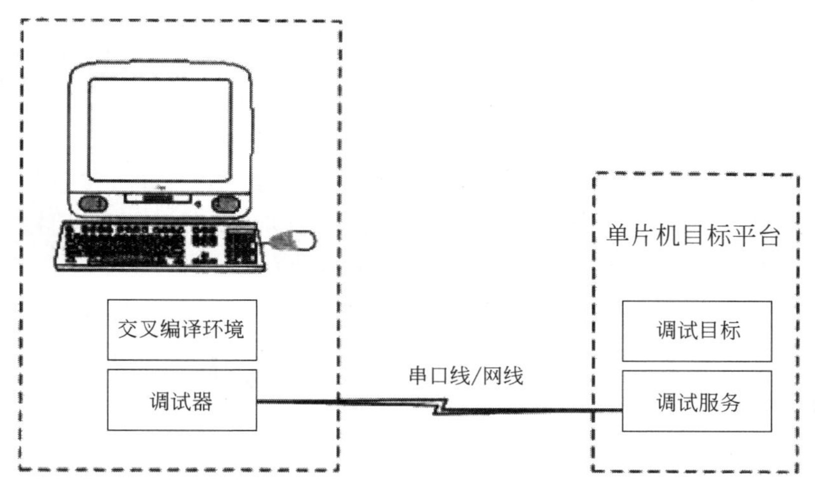

图1.2 单片机开发基本示意图

单片机编程基本流程如下。①在编辑环境中编写好相关代码；②指定目标机型后完成交叉编译；③在下位机中下载交叉编译后的代码；④运行调试。在集成化开发环境中新建工程时就需要指定目标机型，因此在编译时无须再次指定。第③步操作被称为下载、烧写或烧录，多数地方将这些称呼混用。在一些集成化程度较高的环境中，这一系列工作都可以在一个界面内完成，如Keil公司的μVision系列集成开发环境。

为单片机的开发安装所有需要的软件的过程称为单片机开发环境的搭建。由于兼容51内核的单片种类繁多，因此各自的下载过程和使用的软件有所差别。下面以STC89系列单片机为例讲述Windows系统下的单片机开发环境的搭建，若读者使用的是其他芯片，则请自行查阅相关文档。

1.5 STC89系列单片机开发环境搭建

基于STC89系列单片机的嵌入式系统的开发过程一般要经历如下三个阶段。

第一阶段。在μVision环境中完成编码和交叉编译，形成hex文件。这需要在对工程生成的文件进行设置时特别指定"产生hex文件"，默认情况下只生成bin文件(二进制代码文件)。而STC-ISP(STC系列单片机下载软件)需要的是hex文件(十六进制描述文件)。

第二阶段。通过中国STC宏晶科技公司开发的STC-ISP系列下载软件将交叉编辑的代码下载到单片机。

第三阶段。运行系统，查看运行效果，修改代码并重复以上过程。

从以上步骤可知，STC89系列单片机开发环境至少需要安装两个软件：集成化开发环境μVision和STC芯片烧录软件STC-ISP。

使用STC-ISP下载系统时需要PC具有串口，但目前的PC几乎都没有串口。因此还需要一个USB转串口的转换设备以及相应的驱动。当前基于STC89系列单片机的开发板一般都增加了USB转串口的转换模块，因此使用此类开发板时无须另外使用USB转串口的转换器，但必须安装对应的驱动程序。下面以某款基于STC89C52RC且板载USB转串口芯片CH340的开发板为例完成开发环境的搭建。

(1) CA51编译器套件安装。

基于51单片机比较通用的集成开发环境为CA51编译器套件，其中包含集成环境μVision4.0和Keil C51交叉编译工具。从Keil官网获取CA51编译器套件的安装程序，如C51V901.exe，运行后可以看到如图1.3所示的欢迎安装界面。

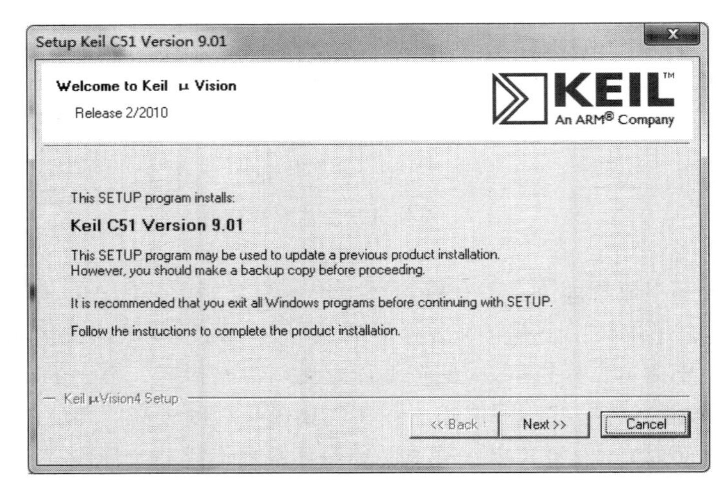

图1.3 欢迎界面

单击Next按钮后进入图1.4所示的许可协议界面。

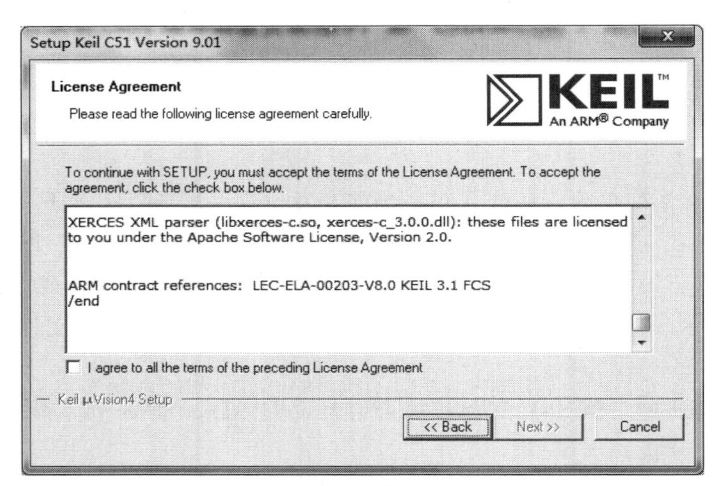

图1.4 许可协议界面

勾选界面中的复选框后单击Next按钮，进入如图1.5所示的安装路径选择界面。

该处可使用默认值，也可以根据需要进行设置，然后单击Next按钮进入如图1.6所示的用户信息填写界面。

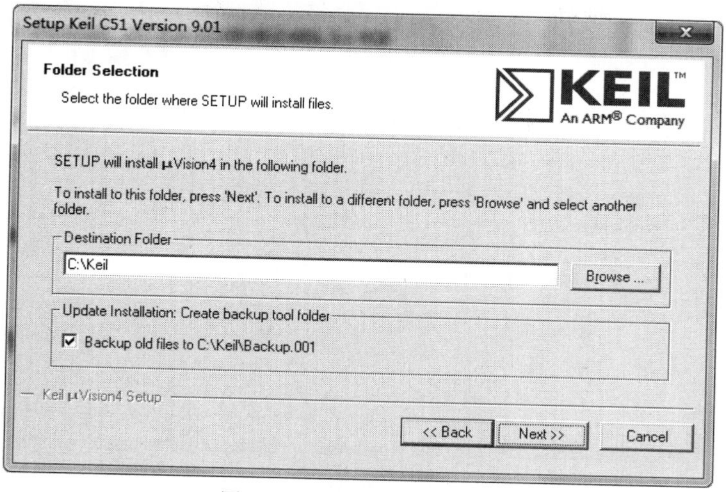

图 1.5 安装路径设置界面

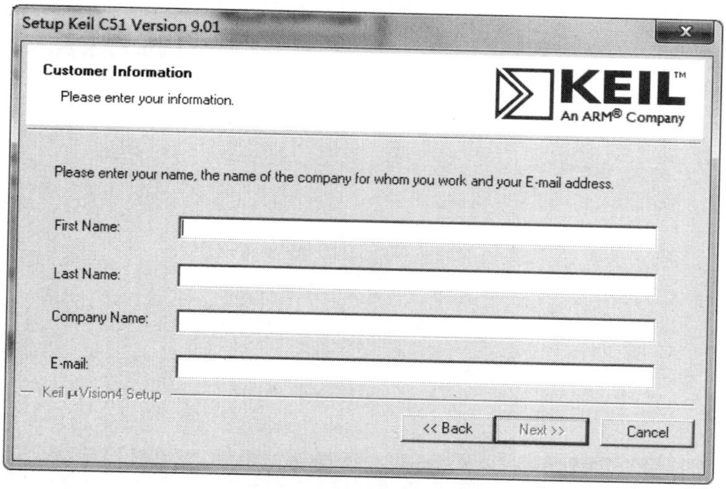

图 1.6 用户信息界面

填写完相应的用户信息后进入如图1.7所示的安装进度界面。

安装结束后可以看到如图1.8所示的安装结束界面。

此处可根据需要勾选复选框或保持默认设置，然后单击Finish按钮结束安装。此时桌面或“开始”菜单中会出现Keil μVision4图标，通过双击Keil μVision4图标运行软件进入集成开发环境，其运行界面如图1.9所示。

此时由于还没有注册软件，所以该集成环境的功能还比较有限，需进行注册后才能正常使用。以管理员身份运行Keil μVision4后打开菜单栏内的File菜单，选择License Management选项，进入如图1.10所示的许可号管理界面。

通过CID或用户相关信息向KEIL公司申请许可号后填写到New License ID Code(LIC)栏内，单击Add LIC按钮完成注册，此时才能获得到CA51编译器套件的完整功能。

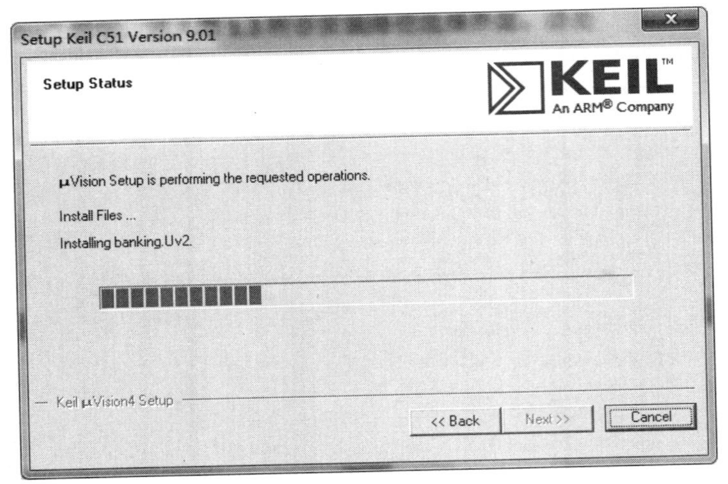

图 1.7　安装进度界面

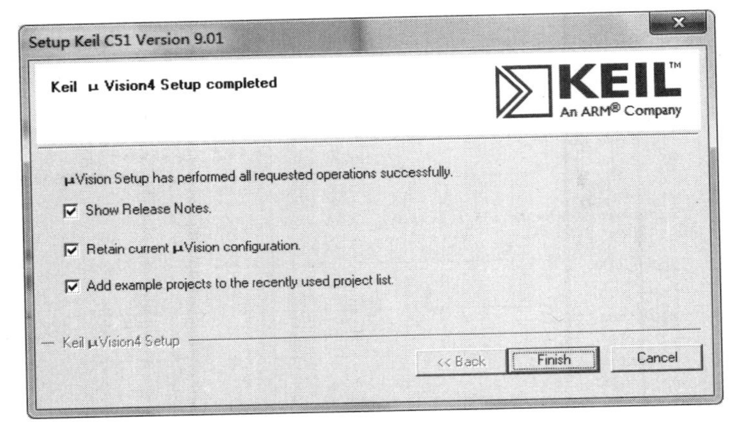

图 1.8　安装结束界面

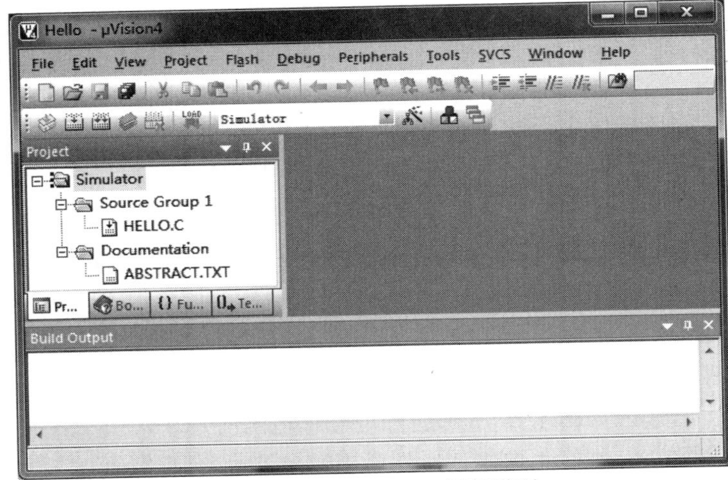

图 1.9　Keil µVision4 运行界面

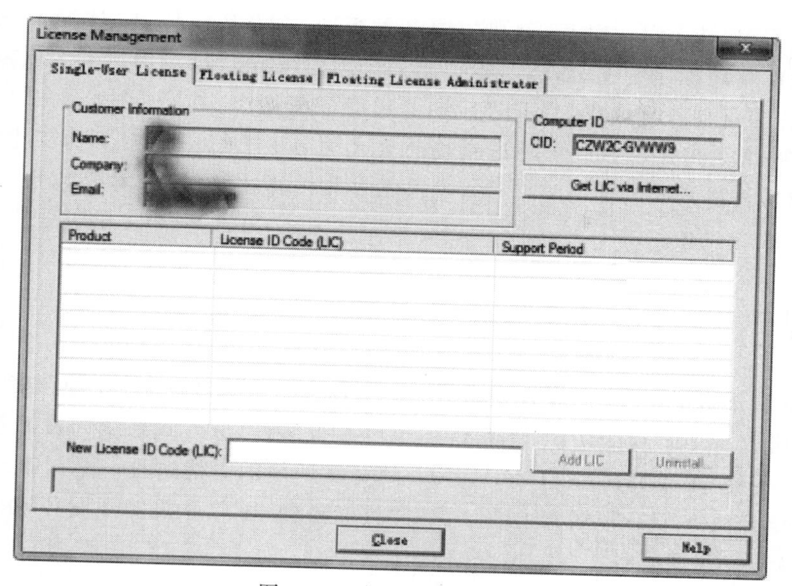

图 1.10　许可号管理界面

(2) STC-ISP 安装。

STC-ISP 是专门针对 STC 系列芯片的下载软件。通过该软件可以将上位机中编译链接完成的单片机程序下载到单片机内部，然后单片机才能开始运行用户所编写的程序。

登录宏晶科技公司的官方网站(http://www.gxwmcu.com)即可找到最新版的 STC-ISP 下载链接，比如编写本书时 STC-ISP 的最新版本为 stc-isp-15xx-v6.86S，下载后解压到某一位置，文件夹下的 stc-isp-XXX.exe 就是烧录软件的 exe 文件，由于需要绿化，因此第一次最好以管理员身份运行。

(3) CH340 驱动程序的安装。

当开发硬件使用的是 CH340 芯片实现 USB 转串口时，就需要在用于烧录的上位机中安装 CH340 驱动程序。通过网上下载获取 CH340 驱动程序后，运行驱动程序对应的 exe 文件，可以看到如图 1.11 所示的界面。单击“安装”按钮，出现安装进度条，很快就安装完成了，关闭该界面即可。

驱动安装(X64)
驱动安装/卸载
选择INF文件：
CH341SER.INF
安装
卸载
帮助
WCH.CN
|__ USB-SERIAL CH340
|__ 11/04/2011, 3.3.2011.11

图 1.11　USB 转串口驱动安装界面

安装完USB转串口驱动后，就可以将开发板通过USB线与PC连接了，这时系统会自动完成后期驱动程序的安装，然后模拟出一个串口(com口)。当打开STC-ISP烧录软件时，该软件会自动找到该串口，完成后期的程序下载工作。

注意：如果采用最小系统加功能模块的方式学习51单片机，则需购买USB转TTL模块。若模块内使用的芯片为CH340，则以上安装同样适用，若为其他芯片，则需要安装芯片对应的驱动程序。

本章小结

本章简单介绍了单片机、嵌入式系统以及51单片机的概念，旨在使读者对即将学习的51单片机有一个宏观的认识；然后讲述了单片机编程、嵌入式系统开发的基本步骤；最后讲述了某一种51单片机(STC89C52RC)的开发环境的搭建过程。通过本章学习，读者应该对51单片机有了一些概念上的认识，并且能搭建51单片机的开发环境，为接下来的学习和编码做好前期准备。

练习

1.1　观察日常生活中的智能电器，思考其控制原理。

1.2　在个人计算机上安装51单片机开发环境(包括驱动程序、编码及交叉编译环境和烧录软件)。

第2章　闪烁的LED灯

经过第1章的学习，我们明白了单片机的概念以及单片机应用系统/嵌入式系统软件编码的基本流程。本章将通过一个简单的实例展示完整的51单片机软件开发基本流程。

2.1　创建第一个Keil工程

由于Keil集成开发环境可以为不同芯片提供交叉编译环境，因此在新建一个Keil工程前先得弄清楚即将创建的工程文件是应用于哪一种型号的芯片的。只有在创建工程时指定了正确的芯片，后期的交叉编译生成机器代码才能在目标机上正常运行。

下面以为STC98C52RC芯片创建工程为例讲解Keil环境下的51单片机工程的创建。

启动Keil μVision4后单击菜单栏中的Project菜单，选择New μVision Project选项，弹出如图2.1所示的指定工程文件名及保存位置的设置界面。[①]

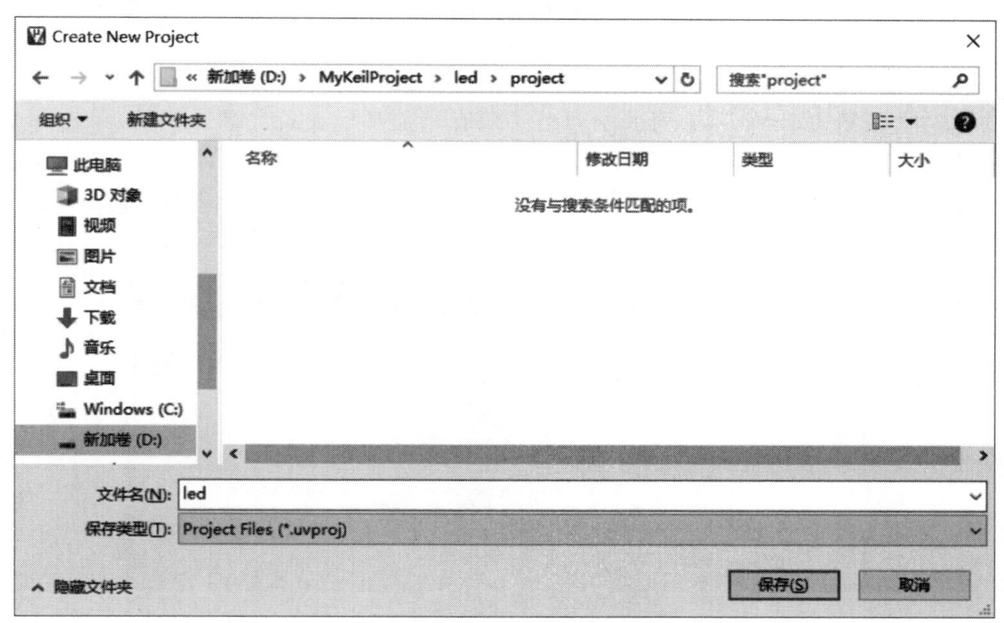

图2.1　工程文件名及保存位置设置界面

---

① 如读者希望自己PC上的操作效果和本书一致，可在D盘下新建目录MyKeilProject，然后在MyKeilProject中创建子目录led，在led下创建3个子目录：project、object和source。今后每新建一个工程，就在D:/MyKeilProject下新建一个类似于led的子目录。也可以将包括project、object和source子目录的示例工程目录直接复制到D:/MyKeilProject下。

新建一个名为led的工程，存放于目录D:/MyKeilProject/led/project下。读者可根据自己的喜好指定工程的存放位置和工程文件名，不建议使用默认的路径。请一定留意工程存放路径，后期还需要使用该信息。设置保存路径和工程文件名后单击“保存”按钮，弹出如图2.2所示的芯片选择对话框。

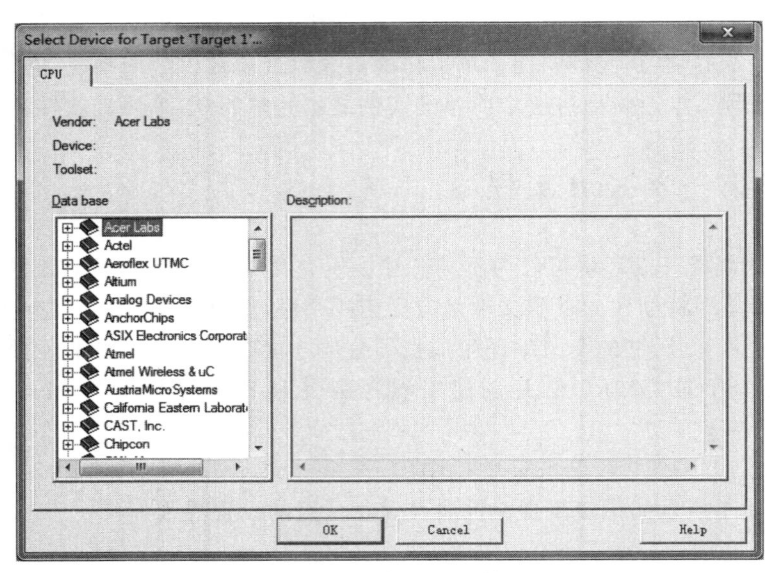

图 2.2　芯片选择对话框

对话框左侧的Data base列表中列出了所有当前环境支持的芯片厂商，单击每个厂商左边的＋号后可以看到该厂商旗下的芯片型号。当单击某一型号芯片时，右边的Description栏内将显示该芯片的相应描述信息，如图2.3所示，显示了Atmel公司的AT98C52芯片的基本信息。

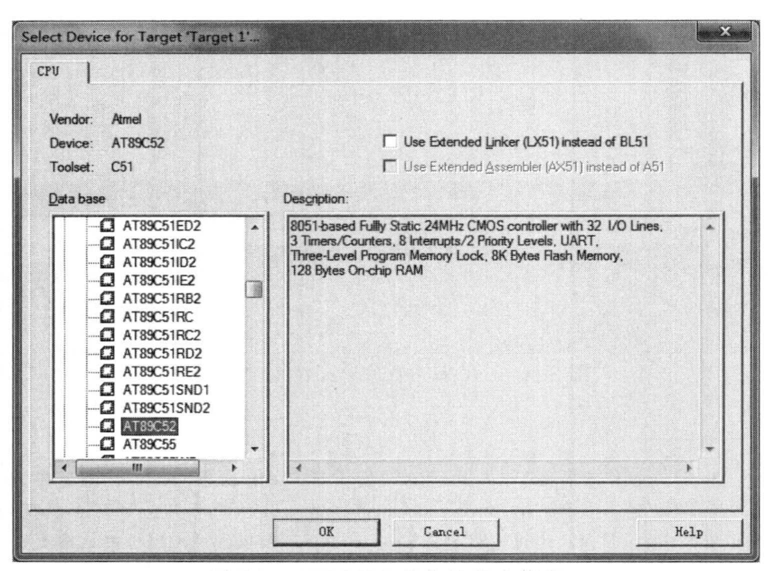

图 2.3　AT98C52芯片的基本信息

虽然STC系列芯片并没有出现在Keil默认的芯片库Data base栏内，但可以选择一款与STC89C52RC内核一致的芯片作为本工程的指定芯片，如Atmel公司的AT89C52芯片。由于芯片STC89C52RC和芯片AT89C52的内核都是51内核，且各种资源类似，所以Keil为AT89C52芯片编译的代码在STC89C52RC上都能正常运行。关于如何添加芯片库到开发环境以使得编译的代码更加贴合工程所用芯片，以及各厂家的芯片对51单片机的扩展及扩展功能的应用问题，请读者查询芯片厂家提供的相关资料。

选择工程所使用的芯片后，单击OK按钮，弹出如图2.4所示的提示是否复制标准的8051启动代码到工程目录下并将代码加入工程的对话框。

图2.4 添加标准启动代码的对话框

如果单击该对话框中的“是”按钮，则会出现一个名为STARTUP.S51的文件，修改该文件就可以对一些运行环境值进行修改。由于无须对堆栈等运行环境进行特殊设置，因此这里单击“否”按钮。到此工程创建完毕。

2.2 初识μVision4运行环境

工程创建后，μVision4的运行界面如图2.5所示。

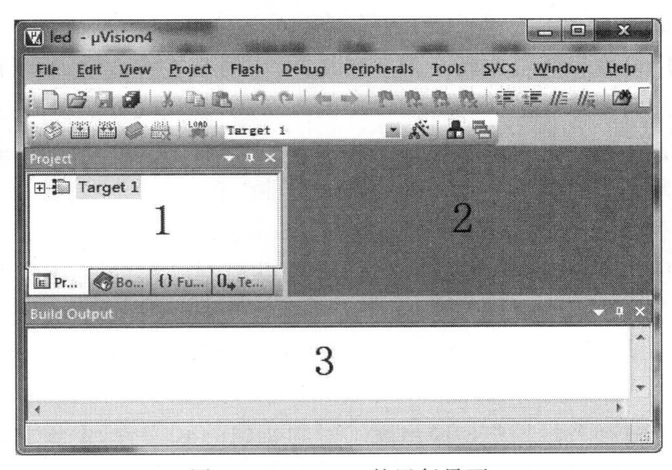

图2.5 μVision4的运行界面

窗口的最上方的蓝色区域为标题栏，标题栏的左边列出了当前编辑的工程名称以及当前μVision的版本信息。标题栏的下面一行是菜单栏，包含File、Edit、View等菜单项。

菜单栏下面包含几行工具栏。工具栏包含两大类工具：File Toolbar 和 Build Toolbar。将鼠标指针放到每个工具栏最左边的位置会出现十字加向外箭头的形状，按住左键即可拖曳工具栏以放置到喜欢的位置。

工具栏下面的大片区域为工作区，其中标有1的区域为工程浏览区，可以通过单击该区域下方的选项卡切换显示内容；区域2为文本显示/编辑区，用于显示和编辑文本文件；区域3为输出区，用于输出编译、链接等信息。

工程浏览区中的 Target 1 为该工程中的一个目标对象，其代表工程编写的代码运行环境及相关设置。单击 Target 1 前的"+"号可展开工程，展开后的效果如图2.6所示。

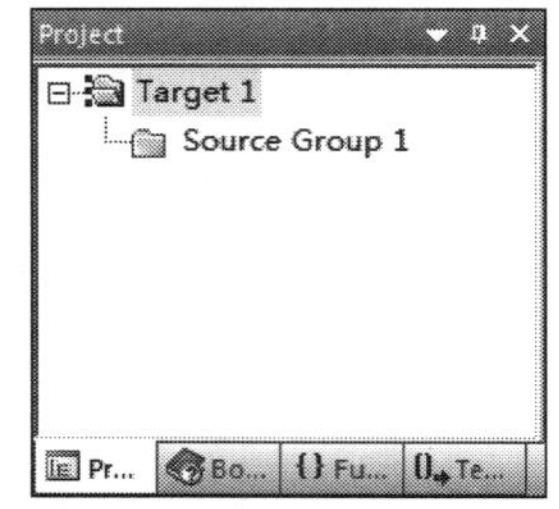

图2.6　工程浏览窗口

工程创建时，工程下只有一个默认的源文件组 Source Group 1。一个工程可以包含若干个源文件组。可以通过右击 Target 1 选择 Add Group 选项添加源文件组，每个源文件组下可以添加多个源文件。也可以右击需要删除的源文件组，选择 Remove Group 选项移除源文件组及文件组包含的源文件。通过添加和删除源文件组可以对工程文件进行有效的管理。工程内所有源代码文件都应属于某一个源文件组，当文件所属的源文件组从工程中被移除时，文件也会被从工程中移除，但文件本身并不会从硬盘中删除。同时，即使文件被存放在工程目录下，如果它没有被添加到工程的某个源文件组中，则该文件的内容也不会生效。因此为工程编写的源文件一定要添加到工程的某个源文件组中。如何向源文件组中添加或移除文件将在后面讲解。

2.3　创建并添加第一个源文件

单击工具栏最左边的 New 按钮或选择 File 菜单下的 New 选项即可新建一个文件，此时在文本显示/编辑区会出现一个空白文件，同时在文本显示/编辑区顶上以选项卡形式显示打开文件的名称。刚新建的文件并没有存盘，默认文件名为 Text1，用户需要为该文件指定文件名并保存到指定路径。单击工具栏左边的 Save 按钮或选择 File 菜单下的 Save 选项，弹出如图2.7所示的 Save As(文件保存)对话框。

为方便后期管理，可以在工程目录下新建 source 目录，专门用于存放源代码文件。这里把第一个源代码文件保存为 main.c，读者可以根据自己的喜好为源文件指定文件名，通常习惯为工程中包含 main 函数的 C 文件命名为 main.c 或与工程名一致的 C 文件名。注意，输入文件名时一定要输入扩展名 c，否则编译器将不按照 C 语言的规则编译该源文件。

虽然硬盘和工程相关目录中已经出现了刚刚新建的 C 文件，但该文件还没有包含工程，必须在软件中将源文件包含工程，只有这样源文件中的代码才能被编译最终的目标代码。向某个源文件组添加文件的方法为：在工程浏览区内右击需要添加文件的源文件组并选择 Add Files to Group 选项。这里直接右击 Source Group 1，选择 Add Files to Group 'Source Group 1'选项，然后弹出如图2.8所示的"添加文件到组"对话框。

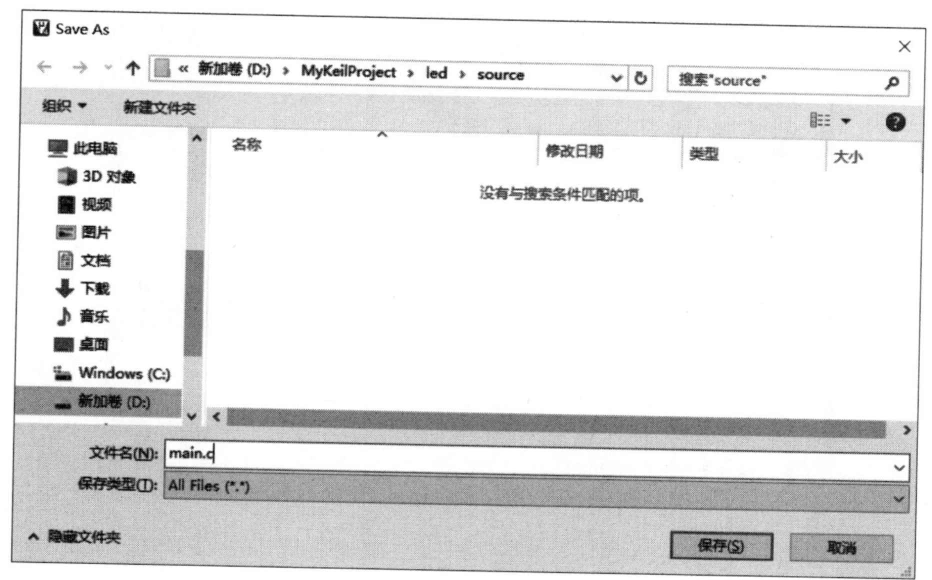

图 2.7 文件保存对话框

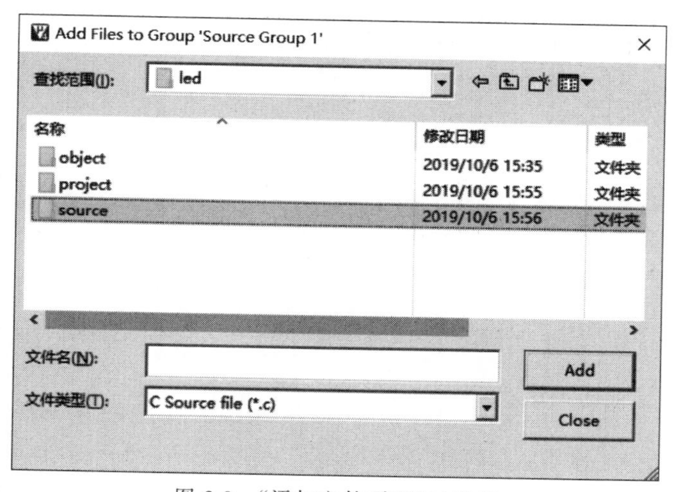

图 2.8 "添加文件到组"对话框

在当前工程目录下的 source 子目录中找到刚刚新建的 main.c 文件，双击该文件即可将文件添加到工程的源文件组。如果需要添加更多的源文件到源文件组，则可以继续找到需添加的文件并双击，这里只需要添加一个源文件 main.c。单击对话框中的 Close 按钮关闭"添加源文件"对话框，此时的运行界面如图 2.9 所示。

在工程浏览区中的源文件组左边出现了"＋"号，单击"＋"号即可展开该文件组，查看文件组下的文件。双击某一文件，在文件编辑区中打开该文本，此时即可对该文件进行编辑。这里由于文件编辑区中的 main.c 处于打开编辑状态，因此无须双击即可开始编辑。

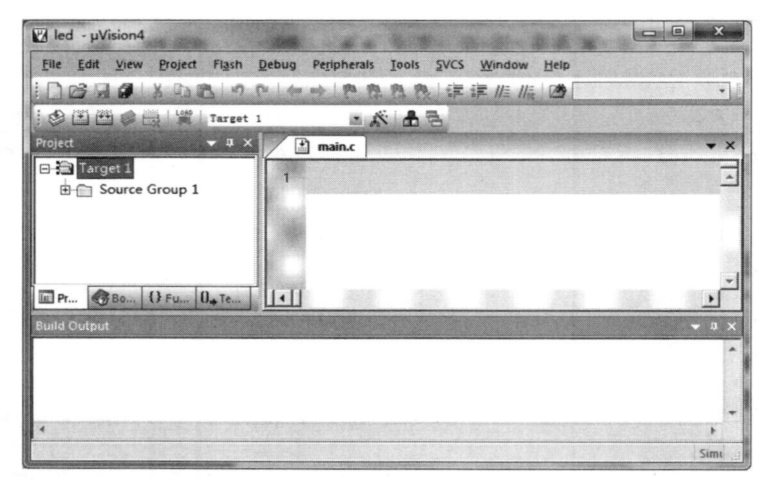

图 2.9　源文件组中添加文件后的运行界面

2.4　编码保存与编译链接

确认编辑区中当前编辑的文件为 main.c 后，输入如下内容。

```
#include <reg51.h>
int main(){
    int i;
    while(1){
        P1=0xFF;
        for(i=0;i<30000;i++);
        P1=0x00;
        for(i=0;i<30000;i++);
    }
    return 0;
}
```

编辑好代码后，单击工具栏上的“保存”按钮或选择 File 菜单下的 Save 选项即可保存刚才编辑的内容。特别提示：该代码是针对实验板上 P1 口连接的 LED 发光二极管的应用。读者可根据自己的实验板修改代码中的 P1 为其他内容。实验硬件环境将在 2.6 节介绍。

注意：处于编辑区的文件如果有编辑的内容未存盘，则编辑区选项卡中的文件名后会出现“*”号，如 main.c*。单击“保存”按钮即可保存当前编辑的文件；如果想同时保存所有处于编辑区的文件，则可以单击工具栏中的 Save All 按钮。

此时，工程中已经包含了源文件 main.c 并且代码已被编辑好，接下来需要完成的操作为编译和链接。在编译和链接前，应为工程指定编译和链接产生的文件（称为输出文件）的存放路径，否则文件会被保存到工程文件的同一个目录下，不利于后期对工程文件和源文件的管理。

指定工程输出文件存放目录的过程如下。

右击工程浏览区中的目标 Target 1,选择 Option for target 'Target 1'选项,弹出如图 2.10 所示的"目标选项"对话框。

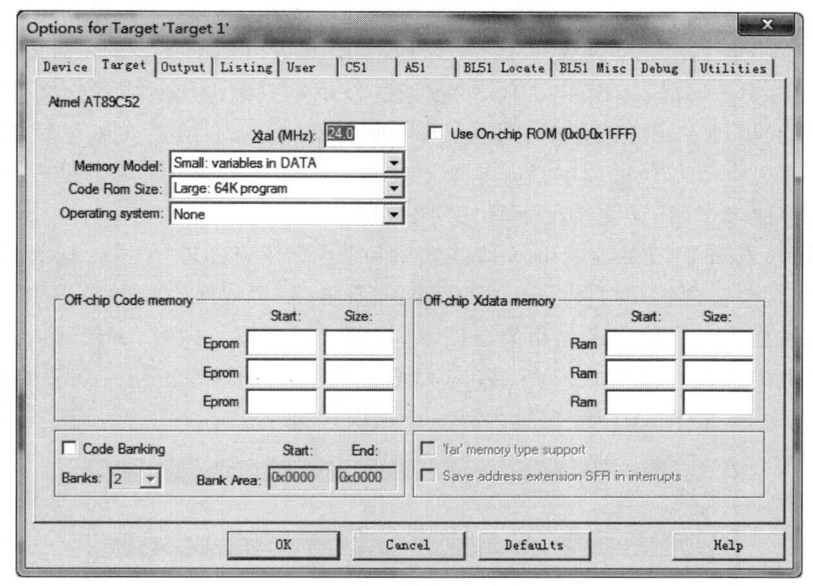

图 2.10 "目标选项"对话框

注意:通过该对话框可以完成芯片的重新指定、芯片环境参数的设置、输出设置、编译选项设置等操作。

(1) 单击 Output 选项卡,然后单击 Select Folder for Objects 按钮,弹出"输出文件存放目录"对话框。如图 2.11 所示,效果为选择在工程目录下新建的 object 目录作为文件输出目录。注意观察对话框中下部的 Path 文本栏中的内容,里面显示了完整的输出文件存放路径。

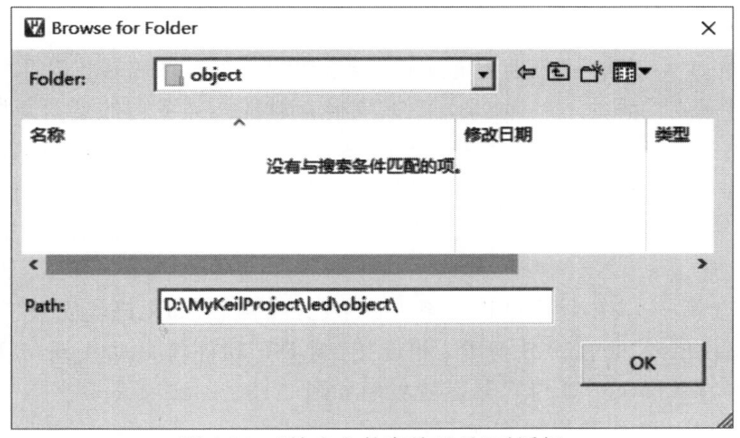

图 2.11 "输出文件存放目录"对话框

选择输出文件的存放目录后，单击对话框中的OK按钮完成设定。

(2) 由于STC-ISP下载程序时需要生成目标文件对应的HEX文件，因此需在Output选项卡下勾选Create HEX File复选框（该项默认情况下未被勾选），然后单击OK按钮完成输出相关设定。

完成输出设定后，就可以对工程进行编译和链接操作了。Keil工具栏有两个编译相关按钮，即Build按钮（对应菜单Project→Build target）和Rebuild按钮（对应菜单Project→Rebulid all target files）。Build按钮的作用是只编译比对应目标文件(obj)新的源文件，然后链接；Rebuild按钮的作用是编译所有源文件，不论上次编译后源文件是否被编辑过。这里由于整个工程中只有一个源文件，因此两个按钮的效果是一样的。当工程包含的文件比较多时，通常情况下只使用Build功能。

单击Build按钮完成工程的编译和链接后，在运行环境的输出区会显示相关的编译和链接信息，其中包含编译过程中出现的错误和警告、目标程序占用的数据RAM区的大小和代码的大小等。当输出区列出语法错误时，双击错误提示内容，编辑区内的光标会被自动定位到出错位置。如图2.12所示，该工程编译后，目标程序占用9字节的数据RAM区，代码大小为55字节，编译链接过程有0个错误、0个警告。

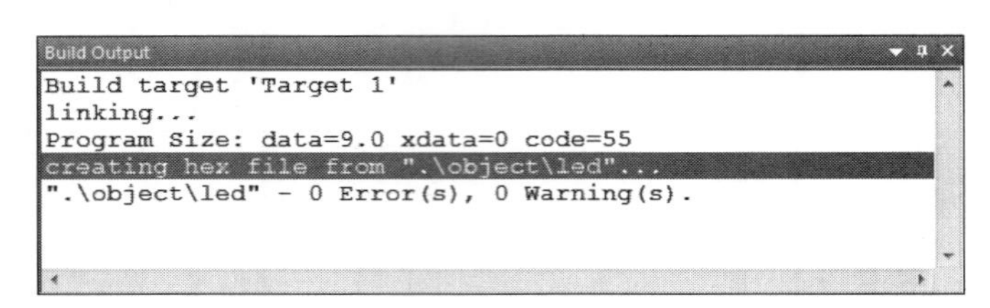

图2.12 编译和链接输出信息

打开输出文件目录，可以看到已经产生了多个文件，其中包含一个文件名和工程名一致且扩展名为hex的文件，该文件即为STC-ISP下载程序时需要使用的文件。另外还有几个与编译和链接相关的文件，如源文件main.c对应的目标文件main.obj。

2.5 下载运行

目前已经完成了新建工程、新建源文件、设置输出文件存放路径以及工程的编译和链接操作，只需再完成代码的下载（烧录）工作，实验板就能按照我们的意图开始运行了。

特别说明：本节后续内容只适用于STC系列单片机，其他系列（如Atmel、AVR系列）单片机的程序下载请读者自行查阅相关资料。在没有特别说明的情况下，本书后续章节均适用于大多数51单片机，个别只适用于STC89C52芯片的内容会在书中标明。

打开STC-ISP（安装和绿化过程在第1章中已经讲解），如果已经安装了USB转串口驱动，并且实验板已经通过USB与PC相连接，则ISP软件将自动找到与实验板连接的由USB模拟出的串口（COM口），其运行界面如图2.13所示。

在STC-ISP中，常用的操作有如下几个。

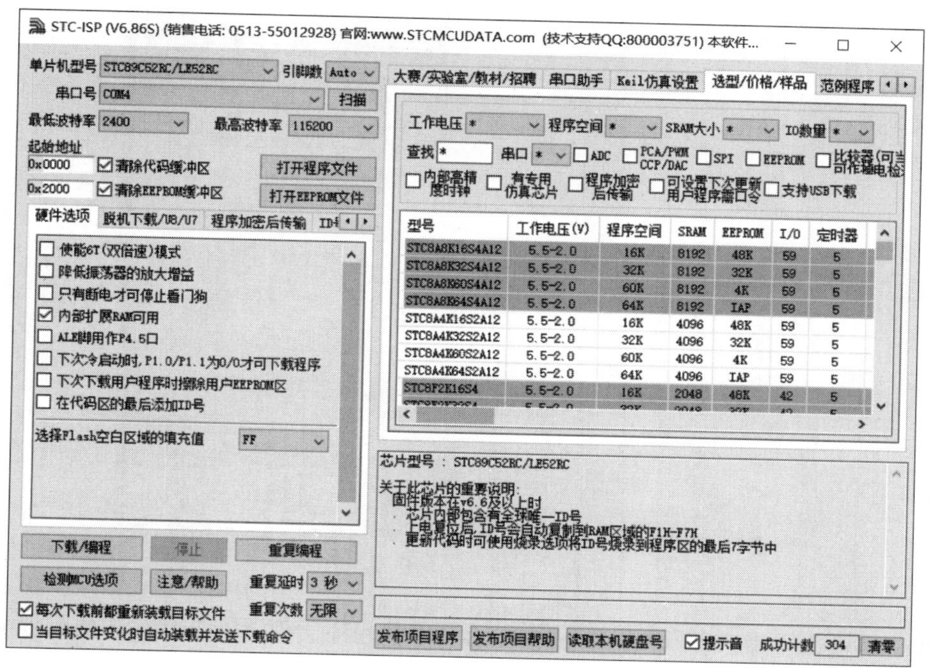

图 2.13　STC-ISP 运行界面

(1) 选择单片机型号。

在"单片机型号"右边的下列列表中找到实验板所用的单片机型号并单击。如果实验板上的单片机型号为 STC89C52RC,则选择 STC89C52RC/LE52RC 选项,如图 2.14 所示。

图 2.14　单片机型号选择

(2) 设置串口号。

如果使用的是最新版的 STC-ISP,而且已经安装了 USB 转串口驱动,同时在启动 STC-ISP 软件前已经将实验板连接到计算机,则 STC-ISP 软件会自动找到实验板对应的串口。如果打开 STC-ISP 后再连接实验板,则需打开"串口号"下拉列表并选择正确的串口号才能完成程序的下载。

(3) 指定下载程序文件。

单击软件界面中的"打开程序文件"按钮,在弹出的对话框中找到工程输出文件路径下的以工程名为文件名、扩展名为 hex 的文件,如图 2.15 所示,然后单击"打开"按钮,完成待下载代码的指定。

指定待下载的程序文件后,窗口右边的"程序文件"选项卡将以十六进制显示程序代码。

(4) 每次下载前都重新装载目标文件。

在界面左下角勾选"下载前都重新装载目标文件"复选框,它与程序的调试有关,因为 STC89C52RC 实验板调试程序的基本步骤是下载程序→观察运行情况→分析错误→修改代码→编译链接→再下载程序,如此往复。如果勾选了该复选框,则每次编译后直接单击"下载/编程"按钮即可烧录最新编译和链接的目标文件,无须再次指定下载程序文件;

图 2.15　指定下载程序文件

否则每次都需要单击“打开程序文件”按钮指定下载程序文件才能下载最新的目标文件。

(5) 下载和编程。

在单击“下载/编程”按钮前请确保实验板电源处于关闭状态,否则可能导致烧录失败。单击“下载/编程”按钮后再打开实验板电源,会自动开始烧录,此时在窗口右下方会显示烧录状态信息。

当代码下载完成后,实验板便开始运行程序代码,单片机将按照程序预先的安排开始运行。如果一切正常,则实验板上的8个LED灯将同时点亮和同时熄灭,并不断闪烁。

2.6　硬件实验环境

初学者在学习51单片机时,最好选择一块51学习板进行学习。推荐学习板所用的芯片为STC系列单片机,且开发板上最好自带USB转串口的电路,理由如下。

首先,STC系列51单片机可以不借助调试器(用于烧录和调试的硬件)完成代码的烧录,相对成本较低。而且由于学习中的代码量有限,因此使用调试器的意义不大。

其次,由于51单片机的烧录需要借助RS-232串口,而多数读者使用的PC都没有RS-232串口。注:笔记本电脑一般都没有RS-232串口,个别台式计算机有串口,但串口位置处于机箱后,连接较为麻烦。即使可以使用RS-232接口,也需要RS-232转TTL电平设备才能实现代码下载。因此,实验板最好本身带有USB与串口之间的转换电路。

同时,学习板最好能将单片机所有引脚单独引出,并提供多组 V_{CC} 和GND连接引脚,以方便后期学习过程中扩展硬件时使用。因此,推荐的51单片机学习实验板如图2.16所示。

图 2.16　实验板

该实验板包含USB转串口电路、4位数码管、有源蜂蜜器、4个独立按键、8个LED灯等常用硬件电路，同时还引出了多组电源引脚和单片机引脚，并预留了温度传感器、红外接收器和LCD接口，这样大多数实验利用板载硬件即可完成，同时又预留了扩展的余地。

也可以选择51最小系统学习板，使用的最小系统至少应该将各引脚引出，同时提供多组电源引脚。使用如图2.17所示的最小系统也可完成相关学习，但需要准备一些相关模块，如数码管模块、蜂鸣器模块、按键模块等，如图2.18至图2.21所示。

图2.17 最小系统学习板

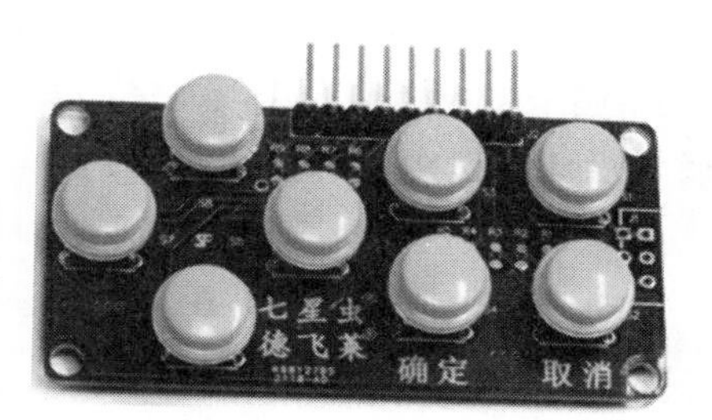

图2.18 按键模块

图2.19 数码管模块

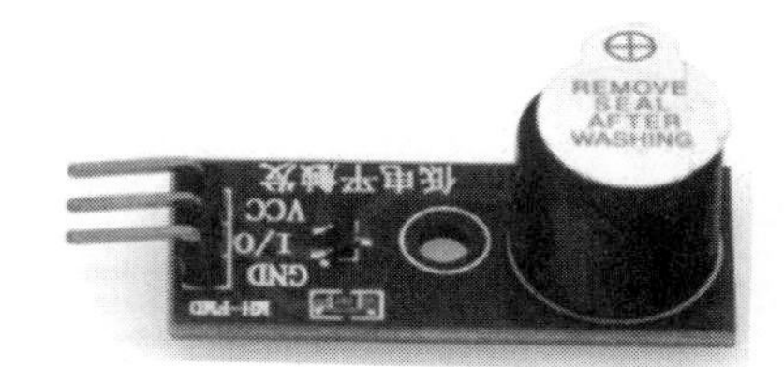

图2.20 有源蜂鸣器模块

图2.21 无源蜂鸣器模块

需要特别注意的是，每个硬件的工作都需要相应的辅助电路。除非读者动手能力足够强，在学习单片机的前期不建议购买独立原件，仅推荐一些功能模块，而不是功能元件。

本章小结

本章讲述了从建立工程到查看运行效果的整个过程，主要包括如下步骤：

(1) 新建工程，指定目标芯片型号；

(2) 新建源文件并添加到工程源文件组；

(3) 指定输出文件的存放位置、编译、链接；

（4）下载和运行。

本章最后简单讲述了学习板的选择。本章中的源代码只需读者复制后根据具体的实验环境修改P1为连接LED电路的I/O口，如P2、P3即可。由于代码运行效果与实验板的电路有关，因此关于电路图及其对应的源代码编写将在后续章节陆续展开。

练习

2.1　搭建51单片机硬件开发环境，注意"USB转串口"的问题。

2.2　仿照示例程序编写代码并完成编译，烧录以实现"走马灯"效果（包括左右摇摆、循环左移和循环右移）。

第3章　存储系统

3.1　哈佛结构与冯·诺依曼结构

了解计算机发展史的人都知道,冯·诺依曼设计的存储程序计算机结构对计算机的发展意义深远,其典型特点是数据和指令无区别地存放于可按地址寻访的存储器中,即存储器本身并不关心存放的是指令还是数据,而是直接把内容存放于指定的位置。哈佛结构在冯·诺依曼结构的基础上进行了一些改进,最主要的就是把数据和指令分别存放于不同的存储器,称为数据存储器和程序存储器。程序指令存储和数据存储分开,数据的存取和指令的读取可以同时进行,有效提高了指令的执行速度。

51 单片机内部总线图如图 3.1 所示,从图中可以发现,处于结构图左上方的 RAM

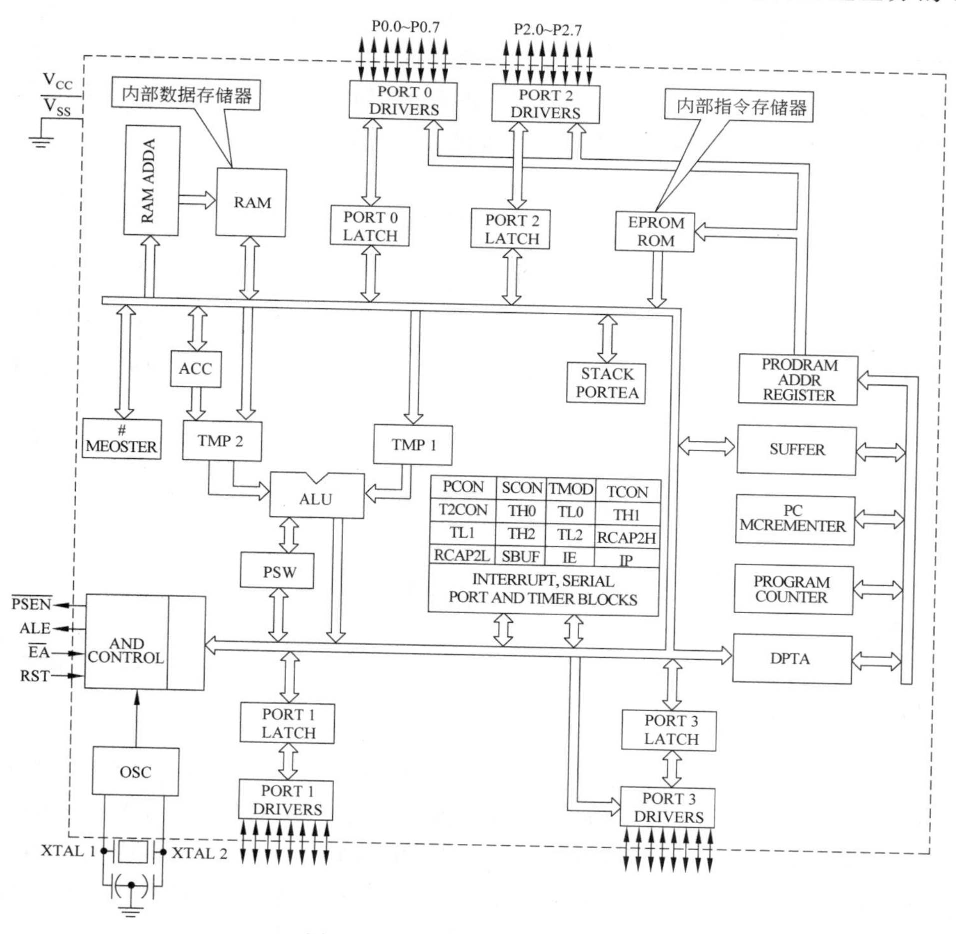

图 3.1　51 单片机内部总线结构

(内部数据存储器)和右上方的EPROM/ROM(内部指令存储器)处于两个独立的存取体内,具有不同的地址总线,但共用数据线,因此其寻址过程是独立的,这样可以提升两个存储体的读写并行性。

基于Intel 8086系列的PC存储系统采用的是冯·诺依曼结构,而基于51核的单片机存储系统采用的是哈佛结构。51单片机在进行数据读写时必须指明读写的存储体,因此51单片机中的数据读写代码有别于PC中的数据读写代码。

3.2 51单片机存储系统

51单片机采用了哈佛结构,存储器分为数据存储器和程序存储器。同时,由于成本和芯片集成度等多方面因素,集成于芯片上的数据存储器和程序存储器的容量有限,在一些需要更大存储器空间的特殊应用中需在芯片外配置数据存储器和程序存储器。因此,51单片机可能访问的存储器包括片内数据存储器、片外数据存储器、片内程序存储器和片外程序存储器。

由于51单片机片上集成了一些接口,接口的设置和控制需要通过访问一系列特殊功能的寄存器完成,而51单片机也为这些寄存器配置了一个独立的地址空间。因此,51单片机可能访问的地址空间除了与存储器相关的地址空间外,还包括一个特殊功能寄存器地址空间。51单片机的完整存储系统结构如图3.2所示。

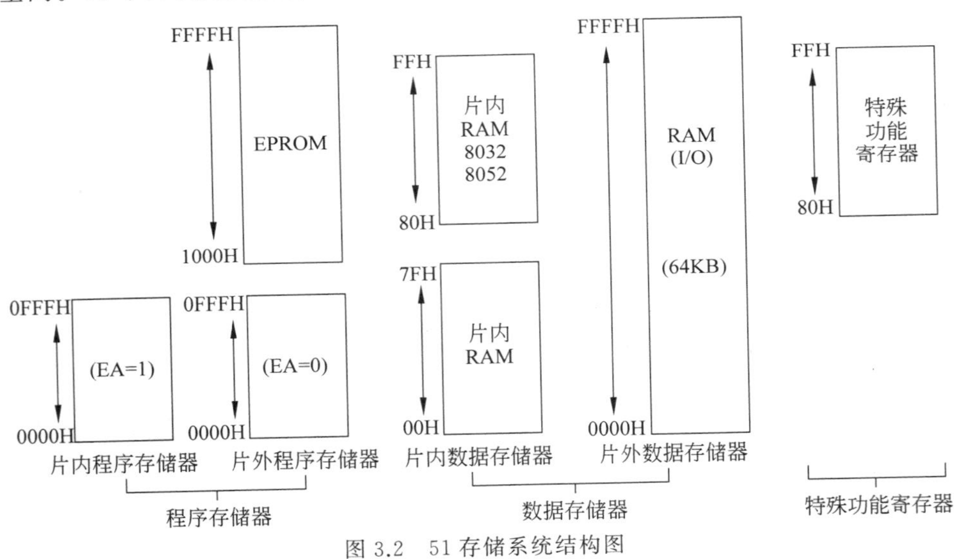

图3.2 51存储系统结构图

从图3.2中可以看出,片内数据存储器、片外数据存储器、片内程序存储器以及片外程序存储器都是从地址0000H开始编址的。内核启动时,由加载到EA上的电平决定是使用片内程序存储器还是片外程序存储器。EA接高电平(EA=1)时,内核使用片内存储器,当访问地址超过片内程序存储器范围时,访问外部程序存储器;当EA接低电平(EA=0)时,内核使用片外存储器,此时片内程序存储器将不被使用。因此,内核访问程序存储器时无须区分访问的是片内还是片外的程序存储器。

由此可以认为,51单片机的存储器有4个独立的存储地址空间:程序存储器地址空间、内部数据存储器地址空间、外部数据存储器地址空间和特殊功能的寄存器地址空间。这些地址空间的编址是独立的,访问不同的地址空间时需要使用不同的指令。

由于内部数据存储器的低128字节采用直接寻址,其访问速度较快;高128字节采用间接寻址,其访问速度相对较慢,因此在编写代码时,这两部分地址的访问代码也有所区别。

综上所述,根据访问特性的不同,51单片机可访问的地址空间可简单分为5个不同的地址段:程序存储器地址空间(不分片内还是片外)、内部数据存储器低128字节地址空间、内部数据存储器高128字节地址空间、外部数据存储器地址空间和特殊功能寄存器地址空间。在Keil开发环境中,在定义“变量”时需要加上不同的关键字以指定存放的地址空间。

3.3 C51变量定义

C语言中,定义变量的实质是告诉编译器在存储器内开辟一段(1,2,4,8字节)区域,以及数据在该区域中的存放方式(*n*位无符号数方式、*n*位有符号数方式、单精度浮点方式、双精度浮点方式),记录其位置与变量名之间的对应关系,以实现通过变量名访问对应的内存空间。

由于X86系统采用的是冯·诺依曼结构,所有指令和数据均以同等方式存放于主存中,在8086系统中定义变量无须告诉编译器存放于哪个存储器(地址空间),因此在8086系统中学习C语言时,定义变量的方式为“变量类型+变量名”。其中“变量类型”告诉编译器数据在内存中占用的位数和存放方式。如语句“char a”在内存中开辟了一个8位的空间,以补码整数方式存放数据;语句“float b”在内存中开辟了一个32位的空间,以单精度浮点数方式存放数据。

当然,8086系统中定义变量也有一个例外,那就是寄存器变量。定义变量时可以将操作频繁的变量存放在CPU内部的寄存器中,以提升程序执行的速度,其定义方式为“register+变量类型+变量名”。在定义变量时,前面加上的register就是告诉编译器将变量放置在寄存器中。

在51单片机中,可供操作的“变量”存放的位置可能存在于5种不同的地址空间。因此,在定义变量时需要告诉编译器将“变量”存放在哪个地址空间。这里之所以将变量加引号是因为一些“变量”并非真正意义的变量,可能是不可修改的。

3.4 内/外部数据存储器空间的访问

真正意义的变量可存放的地址空间只有内部数据存储器和外部数据存储器。而内部存储器又因访问速度的不同分为低128字节空间和高128字节空间。对于一些使用频繁的变量,应优先选用内部数据存储器的低128字节空间,其次选择内部数据存储器的高128字节空间,最后选择外部数据存储器。

下面将列出指定变量存放空间的关键字。

(1) data。

定义变量时,加上关键字 data,编译器便会将该变量存放在内部数据存储器的低 128 字节空间中,如下例所示。

```
data char a;
char data b;
```

以上两种方式的效果是一样的,即变量类型指示字段和变量存放位置指示字段出现的顺序可以交换。

在 51 单片机中,该类变量访问时速度最快。但是由于该空间内的低 32 字节用于存放 4 个寄存器组,部分空间用于存放位变量,堆栈也需要存放于该空间,因此该空间可用于放置普通变量的空间并不多,建议只将一些使用频率较高的变量放置到该空间。

(2) idata。

使用 idata 指定的变量存放位置可以为低 128 字节空间和高 128 字节空间,由编译器根据内存安排情况自行选择。对于一些使用频率不太高的变量,可以使用该关键字。该变量定义示例如下。

```
idata char a;
char idata b;
```

(3) pdata 和 xdata。

当系统布设有外部数据存储器时(在一些应用中,当内部数据存储器无法满足需求时,可以在芯片外布设外部数据存储器),可以使用 pdata 和 xdata 将变量指定到外部数据存储器。两种指定方式有一定区别,在具体使用时可以查阅相关资料。

(4) bit 和 bdata。

在一些工程运用中,为了存储某个事物的状态,需定义相应的变量。一些事物可能只有两种状态,如某个灯的开关状态、蜂鸣器是否在响、某个设备是否在工作等,人们称用于存放这种状态的变量为开关变量或位变量。如果用一个 char 或 unsigned char 变量存放开关变量,则会比较浪费空间。

51 单片机中,专门针对开关变量在内部数据存储器的低 128 字节区域中设置了可进行位寻址的位寻址区,其地址范围为 20～2FH,一共有 128 位,占用 16 字节。在该区域内定义的位变量只占用 1 位的空间,这将大大节省内存开销。位变量的定义示例如下。

```
bit a;
```

需要注意的是,位变量的定义无须指定其存放位置,这是因为 51 单片机中的位变量只能存放在可位寻址区。

如果希望将非位变量存放在可位寻址区,则在定义变量时应加上 bdata 关键字,其变量定义示例如下。

```
bdata char a;
char bdata b;
```

需要注意的是，可位寻址的区域大小只有16字节，因此bdata关键字需慎用。

3.5 程序存储器空间的访问

在一些工程应用中，往往需要存放一些大型的、在系统运行期间无须改变的数组。例如在需要显示汉字的场合，可能需要存放常用汉字的字形码。在这种情况下，将其存放于内部数据存储器几乎是不可能的，而且也没有必要。对于这种在系统运行期间无须修改的数组或变量，可以将其存放在容量较大的程序存储器内（内部数据存储器至多256字节，而程序存储器多达4K字节甚至更多）。

若需将变量或数组存放于程序存储器，则需使用关键字code，示例如下。

```
code int maxNumber=256;
code unsigned char fontCode[1024]={0x00,0xff,...};
```

代码中的"..."部分表示省略未列出的内容。需要注意的是，用该方式指定的"变量"实际是常量，在程序中不能对其进行赋值，只能在定义时赋初值，否则会出错。

3.6 特殊功能寄存器及特殊功能的位

3.6.1 特殊功能寄存器

特殊功能寄存器(sfr)是51单片机中各功能部件对应的寄存器，用于存放相应功能部件的控制命令、状态或数据。向某一特殊功能寄存器写入数据可以对某一功能部件发送命令或数据；从某一特殊功能寄存器读取数据则可以获取某一功能部件的状态或从某一功能部件接收数据。

例如，向P1写数据可以实现P1.0～P1.7引脚输出的电平置为设定状态；从P1读取数据可以了解P1.0～P1.7各引脚上接入的高电平或低电平状态。

每个特殊功能的寄存器都有唯一的读/写地址与之对应，在对特殊功能寄存器访问前，需完成特殊功能寄存器的定义。为便于交流，每个特殊功能寄存器都有一个通用的特殊功能寄存器名称，通常用其通用名代替具体的功能寄存器。当对通用数据输入/输出口0（通用名为P0，地址为0x80）进行读写操作时，可以说成"对P0进行读写操作"。编程时也可以根据需要自行定义特殊功能寄存器的名称，但需参考该通用寄存器名，以免引起误解，降低程序可读性。51核中各特殊功能寄存器的功能及地址对照关系如表3.1所示。

表3.1 特殊功能寄存器地址对照

通用名	功　能	地　址
P0	通用数据输入/输出口0	0x80
P1	通用数据输入/输出口1	0x90

续表

通用名	功　能	地　址
P2	通用数据输入/输出口 2	0xA0
P3	通用数据输入/输出口 3	0xB0
TMOD	定时/计数器工作方式控制寄存器	0x89
TCON	定时/计数器控制寄存器	0x88
TL0	定时/计数器 0 计数值低字节	0x8A
TH0	定时/计数器 0 计数值高字节	0x8C
TL1	定时/计数器 1 计数值低字节	0x8B
TH1	定时/计数器 1 计数值高字节	0x8D
PCON	电源、串行通信波特率控制寄存器	0x87
SCON	串行通信控制寄存器	0x98
SBUF	串行通信输入/输出数据缓冲寄存器	0x99
IE	中断允许/禁止控制寄存器	0xA8
IP	中断优先级控制寄存器	0xB8
A(ACC)	累加器	0xE0
B	B 寄存器	0xF0
PSW	程序状态字	0xD0
DPL	数据指针低字节	0x82
DPH	数据指针高字节	0x83
SP	堆栈指针	0x81

在 Keil 中,如果要对某一特殊功能的寄存器进行读写操作,则必须先用“特殊功能寄存器定义语句”为其指定操作的名字,即特殊功能寄存器名,只有这样才能通过寄存器名完成操作。特殊功能寄存器定义语句格式如下。

```
sfr 特殊功能寄存器名=特殊功能寄存器地址;
```

例如,若对 51 的通用数据输入/输出口 1 进行操作,则先要为其指定一个用于操作的特殊功能寄存器名字。由于其对应的特殊功能寄存器操作地址为 0x90,因此若想将其对应的特殊功能寄存器的名称指定为 P1,则应使用以下语句实现特殊功能寄存器的定义。

```
sfr P1=0x90;
```

定义特殊功能寄存器名称与地址的关系后,就可以通过所定义的寄存器名称操作对应的寄存器了。例如,若想将 P1 口的所有引脚(P1.0～P1.7)置为高电平,即可执行如下语句。

```
P1=0xFF;
```

当然，在定义特殊功能寄存器时也可以不使用通用的名称。例如，在某一应用中将 P1 口的 8 个引脚用于控制 8 个 LED 灯，为了便于与其功能相联系，可以将该特殊功能寄存器取名为 LED，如以下代码所示。

```
sfr LED=0x90;
```

之后就可以使用定义的 LED 完成对 8 个 LED 灯的控制。

当然，为特殊功能寄存器指定名称时也不能太随意，例如将地址 0x90 的名称指定为 P2。虽然程序本身不会有问题，但这将在阅读代码时引起混乱。因此在为特殊功能寄存器指定其本身通用名之外的自定义名字时，请使用表 3.1 以外的关键字。

3.6.2 特殊功能的位

通过定义特殊功能寄存器可以一次性操作该寄存器包含的所有位，但是当只需要操作其中的某一个位且不希望改变其他位时就不太方便了（某些特殊功能寄存器在使用中经常需要只修改个别位）。对此，51 核在特殊功能寄存器地址空间内分出了一些可位寻址的空间。一般情况下，如果某个特殊功能寄存器的二进制地址末 3 位为 0（十六进制地址末位为 0 或 8），则该寄存器内的 8 个位均可进行位寻址。如 P1 口的地址为 0x90，则其可进行位寻址。而每一位的地址就是其所在寄存器地址加上该位在寄存器中的顺序号。如 P1.0 的位地址为 0x90＋0＝0x90；P1.3 的位地址为 0x90＋3＝0x93。表 3.2 列出了 51 核中可位寻址的特殊功能寄存器地址及其位地址范围。

表 3.2 SFR 中位地址分布

通用名	位地址范围	寄存器地址
P0	0x80～0x87	0x80
P1	0x90～0x97	0x90
P2	0xA0～0xA7	0xA0
P3	0xB0～0xB7	0xB0
TCON	0x88～0x8F	0x88
SCON	0x98～0x9F	0x98
IE	0xA8～0xAF	0xA8
IP	0xB8～0xBF	0xB8
A(ACC)	0xE0～0xE7	0xE0
B	0xF0～0xF7	0xF0
PSW	0xD0～0xD7	0xD0

同特殊功能的寄存器一样，特殊功能的位（sbit）在访问前也需要进行定义，其定义方

式有两种：通过特殊功能寄存器名定义和通过位地址定义。

格式如下。

```
sbit 特殊功能的位名=特殊功能寄存器名^顺序号;        //方式一
sbit 特殊功能的位名=特殊功能的位地址               //方式二
```

如要操作P1.3引脚，并指定其特殊功能位名为P13(注意：根据C语言语法要求，不能用“P1.3”作为自定义关键字名，因为关键字中出现了“.”)，则可以通过如下语句完成定义。

```
sbit P13=P1^3;                                    //方式一
```

该定义方式要求特殊功能的寄存器P1必须已经定义好了。如果不想先定义P1，则可以直接通过特殊功能位的地址完成定义，具有相同功能的代码如下。

```
sbit P13=0x93;                                    //方式二
```

定义特殊功能的位后，就可以对其进行操作了。例如若将引脚P1.3变为高电平，则执行如下语句即可。

```
P13=1;
```

与特殊功能寄存器名称一样，特殊功能位的名称也可以自定义。同样，在使用自定义特殊功能位名时也不要和已有的通用特殊功能位混用，如EA、ET0等。例如，如果在应用中可以将P1.3用于控制LED灯D4的点亮与熄灭，则可以用D4作为特殊功能位的名称，如以下代码所示。

```
sbit D4=0x93;
```

这样的话，可以利用语句“D4＝1;”或“D4＝0;”实现对LED灯D4的控制。使用该方式编译代码既便于阅读，也便于代码的移植①。

3.6.3 寄存器相关头文件

C语言头文件的作用是定义一些常用的结构体、申明常用的函数等。在使用C51编程时，可以通过sfr和sbit的方式定义特殊功能寄存器和特殊功能的位，但前提条件是必须准确地记得每一个特殊功能寄存器和特殊功能位的地址，一旦地址出错，系统将无法正常运行，甚至出现很难察觉的错误。

通常情况下，芯片厂商会提供其生产的每种芯片的头文件，头文件中根据通用的寄存器名称定义芯片的特殊功能寄存器。使用芯片时，只需将厂商提供的头文件复制到工程的适当位置，并包含使用特殊功能寄存器的源文件即可。

同时，Keil环境还为一些常用的芯片提供了对应的头文件，因此可以在C文件开始

---

① 代码移植主要指将某一功能代码从一个硬件或软件平台中搬移到一个硬件或软件平台所需要做的工作，移植的前提条件是在不同平台中的运行效果一致。

处使用 include 语句将相关的 h 文件包含进来，这样既能减少编程人员定义特殊功能寄存器的工作量，也能减少出错的概率。由于将多个不同的名称指向同一地址是被允许的，因此为提高程序的可读性，编程人员只需使用 sfr 或 sbit 对个别特殊功能寄存器或位重新指定名称即可。

Keil 针对的 51 核的头文件为 REG51.H，在 51 基础上升级的 52 核对应的头文件为 REG52.H。STC 公司为 STC89C52RC 芯片定制的头文件为 STC89C5xRC.h。如果只用到芯片的基本功能，则一般在 C 文件中包含 REG51.H 或 REG52.H 即可。当需要用到芯片的扩展功能，如第三定时器或片上的 EEPROM 时，就必须使用专门针对芯片定制的头文件。

本章小结

本章从哈佛结构与冯·诺依曼结构的区别入手，讲述了 51 核单片机的存储系统使用的组织结构和 C 语言访问相关存储器的方法，主要包括内部数据存储器、外部数据存储器、程序存储器、特殊功能的寄存器以及对应的变量存储位置关键字 data、idata、pdata、xdata、bit、bdata、code、sfr、sbit 等。最后简单介绍了寄存器定义的相关头文件。希望读者在后期编码中可以根据需要灵活使用这些关键字，并根据需要包含相应的头文件。

练习

3.1 简述哈佛结构与冯·诺依曼结构的关系。

3.2 指出 PC 中的变量定义与 51 单片机中的变量定义的异同。

3.3 关键字 data、idata、pdata、xdata、bit、bdata、code、sfr、sbit 的功能分别是什么？如何使用？

3.4 定义一个查询列表 table[]，用于存放十六进制符号，如 table[0]='0'，table[10]='A'（请注意数据类型和存储类型）。

第4章　变量的位数及意义

4.1　芯片位数与变量位数

机器字长的意义是处理器一次性能处理的数据位数。51核单片机的机器字长是8位，这意味着51核一次进行运算的数据位数是8位。如果需要其完成16位数据的运算，则需要多条机器指令才能完成。

假设某编译环境中的int类型是16位，则有如下变量的定义方式。

```
int a,b;
```

语句"a++"在51单片机中需要多条机器指令才能完成，C语句"a=a * b;"在51单片机中需要的机器指令会更多。若变量长度是32位，则完成数据的运算将需要更多的机器指令。为了提高代码的执行效率，编程中定义变量时必须做到"量体裁衣"，具体为：能用位数少的变量就不用位数多的变量。这样既可以减少内存的开支，又能有效缩短机器代码的长度，提高程序的执行速度。

由于51核单片机数据存储器的容量非常有限，程序存储器的空间也不算宽裕，同时运算速度也不够快，因此编程中必须同时注重代码的空间效率和时间效率。如何才能做到"量体裁衣"？这就要求程序员在定义变量时首先对需要该变量存放的数据范围进行预估，根据数值范围确定变量的符号和位数。如果一些变量的数值范围无法预估，则只能尽量定义长一些，以免在运行过程中因超出变量的表示范围而出错，这类错误的排除往往是非常难的。

Keil C51数据类型对应的长度及值域如表4.1所示。

表4.1　Keil C51数据类型

数据类型	长度/位	值　域
unsigned char	8	0～255
signed char	8	－128～＋127
unsigned short	16	0～65535
signed short	16	－32768～＋32767
unsigned int	16	0～65535
signed int	16	－32768～＋32767
unsigned long	32	0～4294967295
signed long	32	－2147483648～＋2147483647

4.2 变量的位数与符号

嵌入式开发中经常会涉及数据的长度和符号问题。刚刚接触嵌入式开发的程序员在定义变量时可能会在选择有符号数还是无符号数时犹豫不定。一些刚刚接触嵌入式编程的学生可能会将变量一概定义成 int 型(这是源于 PC 中初学 C 语言时的习惯),这会浪费宝贵的内存空间。嵌入式编程在定义变量时有一个较为简单的原则:能短就别长,能无符号就别有符号。具体表现如下。

(1) 能短就别长。

如果位数少的变量能满足应用需求,就不将其定义成位数多的。例如以保留 1 位小数的方式存放室温,而室温的范围一般应该为－50℃～＋50℃,那么存放室温的变量需存放的数值范围应为－5000～＋5000,根据表 4.1 可以发现,定义成 16 位的有符号数就足够了。此时若定义成 long 型,则会造成内存空间的浪费,同时也会增加运算的工作量;如果某应用中的温度只需要精确到整数,那么存放室温的变量需要存放数据的范围就是－50～＋50,定义变量时就只需定义成 8 位有符号数就能满足要求了,此时再用 short 型或 long 型就会导致运算时间和存储空间的浪费。

(2) 能无符号就别有符号。

如果无符号的变量能满足应用要求,就不将其定义成有符号数。如果存放的数值不会出现负数或存放的数是不关心其大小、只关心某些位的 0、1 状态的数,那么就将其定义成无符号数,除非存放的数据的范围内既有正数也有负数,才需要将变量定义成有符号数。例如,以 0.1kg 为精度记录客户体重,假设体重不超过 250kg,那么需要存储数据的范围就是 0～2500。由于体重不可能出现负数,因此定义成无符号 16 位即可。若体重只需精确到 1kg,则需要存放的数据范围为 0～250,此时只需 8 位无符号数即可满足要求。

值得注意的是,C 语言中一些针对有符号数和无符号数的操作的位运算效果是不同的。比如语句“a >>=1 ;”表面上是将变量 a 右移 1 位,假设执行语句前变量 a 的值是“0xFF”,那么执行该语句后变量 a 的值是多少? 这与 a 的符号类型有直接关系。若 a 为 8 位无符号数,那么该语句执行后 a 的值为“0x7F”;如果 a 为 8 位有符号数,那么该语句执行后 a 的值仍然为“0xFF”。其深层原因在于,右移运算会根据运算对象的符号特性做对应的操作。如果操作对象是有符号数,则左移采用的是“补码右移”,最高位补入的是“符号位”,即当操作对象最高位为 1 时补入 1,为 0 时补入 0;若操作对象是无符号数,则采用“逻辑右移”,即不管操作对象最高位是什么,右移补入的都是 0。

综上所述,在定义变量时不能简单地将其定义为某一习惯的类型,而是要认真斟酌其存放数据的用途和数值范围,以免造成不必要的浪费。

4.3 代码移植中的变量问题及 typedef

代码移植是指因为硬件平台的改变或升级,将针对某一硬件平台或特定编译环境编写的某一应用代码变更为新的硬件平台或编译环境下的代码的过程。不同于 PC 上的编程，在嵌入式开发中，由于系统硬件的升级经常需要完成代码的移植操作，因此在代码移植过程中涉及硬件底层代码的修改，如中断服务程序、驱动代码等，同时变量类型的移植也是一项烦琐的事情。

例如，Keil C51 中的 int 型数据是 16 位，但针对 STM32 时，Keil 中的 int 型数据就是 32 位。而数据位数的变化很可能直接导致代码功能的异常。如果在编写代码时直接使用 int 型和 unsigned int 型定义和声明变量，那么在移植时就必须对每处变量定义中涉及 int 型的代码进行修改，这将耗费大量的人力和物力，同时还可能导致一些非常隐蔽的错误。因此在进行嵌入式开发时，一般不直接使用 int 型或 unsigned short 型等方式定义或声明变量。

C 语言中可以使用关键字 typedef 完成自定义变量的定义，例如可以使用如下语句定义类型名为 int8 的自定义变量类型。

```
typedef char int8;
```

定义了自定义变量类型 int8 后，就可以使用 int8 定义和声明变量了。在嵌入式开发中，程序员关心的是变量有无符号和变量长度(位数)，因此可以用 int8、uint8、int6、uint16、int32 和 uint32 作为自定义变量类型名。针对代码移植中的变量长度变化问题，一般在代码文件起始处预先使用关键字 typedef 完成自定义数据类型的定义，然后使用自定义数据类型进行变量的定义和声明。如果硬件平台或编译环境有所变化，则只需修改自定义变量类型的相关代码即可，以此保证定义或声明的变量类型和长度符合预期。

4.4 自定义头文件及包含

采用自定义数据类型的方式虽然能在一定程度上解决代码移植中的变量长度问题，但是当一个工程涉及多个 C 文件时，就需要修改所有代码中的变量类型定义语句。如果个别文件没有修改，那么程序虽然能正常编译，但也存在程序执行异常的风险。一个较为有效的解决办法是使用头文件。

例如，针对 Keil 环境下的 51 编程，可以编写 typeDefine.h 的头文件，文件内容如下：

```
#ifndef __TYPEDEFINE_H__
#define __TYPEDEFINE_H__

typedef unsigned long uint32;            //32 位无符号数
typedef unsigned short uint16;           //16 位无符号数
typedef unsigned char uint8;             //8 位无符号数
typedef long int32;                      //32 位有符号数
typedef short int16;                     //16 位有符号数
typedef char int8;                       //8 位有符号数

#endif
```

代码第 1 行和第 2 行及最后一行的作用是防止头文件之间的循环包含，以及同一程序源码中包含多次同一头文件导致的错误。有了该文件后,即可在C文件起始处加入如下代码,将头文件包含进源文件即可。

```
#include "typeDefine.h"
```

此时,编译可能出现找不到头文件的错误。除非将该头文件存放在工程目录或源文件目录下,若将该头文件放置在其他地方,则需要在工程中指定搜索头文件的路径。

4.5 Keil中设定工程相关路径

Keil工程中涉及的文件可分为三类:集成开发平台针对工程创建的文件,如*.uvproj文件等;源代码文件,如头文件*.h、源程序*.c、*.A51等;目标文件,即编译生产的中间文件、目标文件*.obj和用于烧录的*.hex文件。如果将所有文件存放于一个目录下,则势必导致文件杂乱无章。为便于管理,需要将工程文件分类存放。

可以在工程目录中创建子目录project、source和object,用于存放以上三类文件[①]。其中,集成开发平台针对工程创建的文件在创建工程时产生,因此在创建工程时应将工程的存放位置指定到project中;第一次创建某代码文件后,保存代码文件(源文件和自行编写的头文件)需指定其存放位置,将其指定到source子目录下;工程目标代码及中间代码是在对工程进行编译时由集成开发环境自动生成的,在编译和链接前需设定目标文件的存放位置。由于自定义的头文件不是环境自带的,因此在编译和链接前需预先设定自定义头文件的存放位置,否则编译器可能找不到该头文件。

在编译和链接工程前,应设定两个方面的路径:目标文件的存放位置和自定义头文件的存放位置。设定步骤如下。

4.5.1 添加头文件搜索路径

单击工具栏中的按钮或在"工程浏览"窗口中右击工程,选择 Options for Target 'Target 1'... Alt+F7 选项,弹出如图4.1所示的工程选项对话框。

选择"工程选项"对话框中的C51选项卡,得到如图4.2所示的C51设置界面。

该界面下方列出了Include Paths选项,单击右端的按钮,弹出如图4.3所示的包含路径设定界面。

单击该窗口右上角的按钮,在界面中央的空白区域(用于显示包含路径列表)会增加一条包含路径,但内容为空白,如图4.4所示。

单击图4.4所示界面中的...按钮,弹出如图4.5所示的路径指定对话框。

选择自定义头文件所在目录后单击"确定"按钮可以发现,刚才在列表中增加的空白包含路径行改为了显示刚刚指定的路径 ..\source ...。如果工程涉及多个不同的自定义头文件存放路径,那么可以再次单击图4.4所示界面右上角的按钮,重

① 用户可以根据自己的习惯设定各类文件的存放位置,以便于管理工程文件。

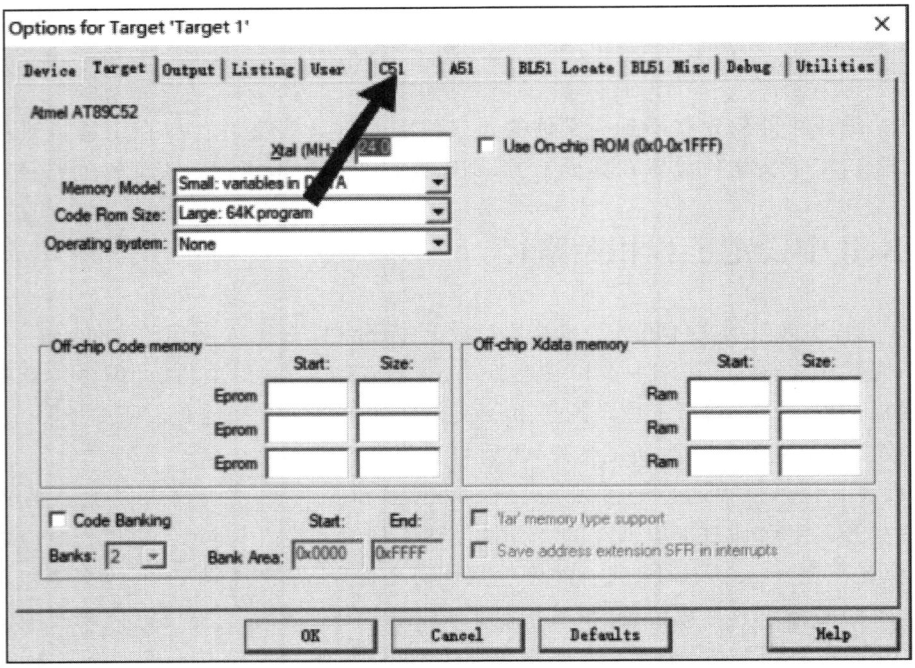

Options for Target 'Target 1'

Device | Target | Output | Listing | User | C51 | A51 | BL51 Locate | BL51 Misc | Debug | Utilities

Atmel AT89C52

Xtal (MHz): 24.0

Use On-chip ROM (0x0-0x1FFF)

Memory Model: Small: variables in DATA

Code Rom Size: Large: 64K program

Operating system: None

Off-chip Code memory

Start: Size:

Eprom

Eprom

Eprom

Off-chip Xdata memory

Start: Size:

Ram

Ram

Ram

Code Banking

Start: End:

Banks: 2

Bank Area: 0x0000 0xFFFF

'far' memory type support

Save address extension SFR in interrupts

OK Cancel Defaults Help

图 4.1　工程选项对话框

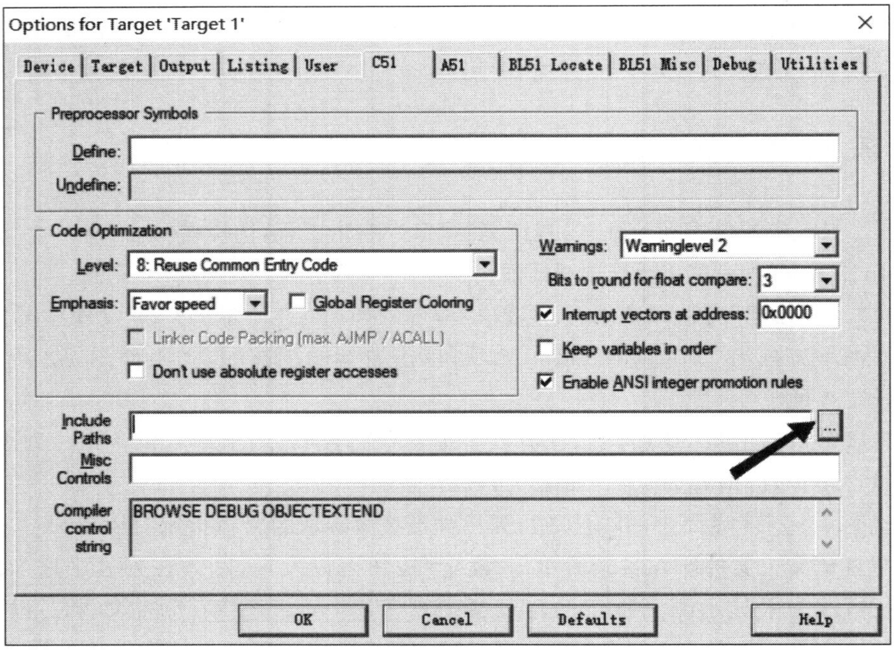

Options for Target 'Target 1'

Device | Target | Output | Listing | User | C51 | A51 | BL51 Locate | BL51 Misc | Debug | Utilities

Preprocessor Symbols

Define:

Undefine:

Code Optimization

Level: 8: Reuse Common Entry Code

Emphasis: Favor speed

Global Register Coloring

Linker Code Packing (max. AJMP / ACALL)

Don't use absolute register accesses

Warnings: Warninglevel 2

Bits to round for float compare: 3

Interrupt vectors at address: 0x0000

Keep variables in order

Enable ANSI integer promotion rules

Include Paths

Misc Controls

Compiler control string

BROWSE DEBUG OBJECTEXTEND

OK Cancel Defaults Help

图 4.2　C51 设置界面

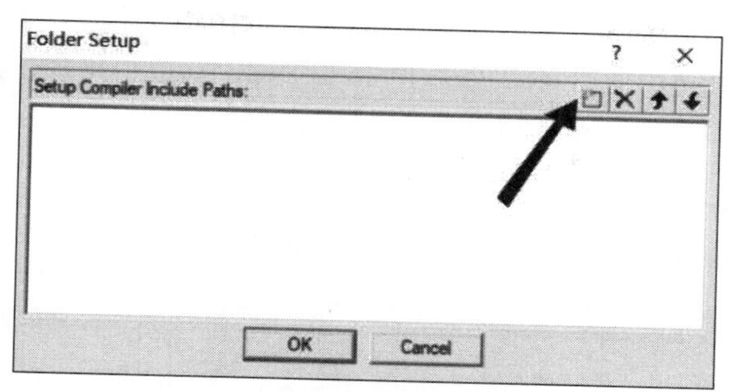

图 4.3 包含路径设定界面

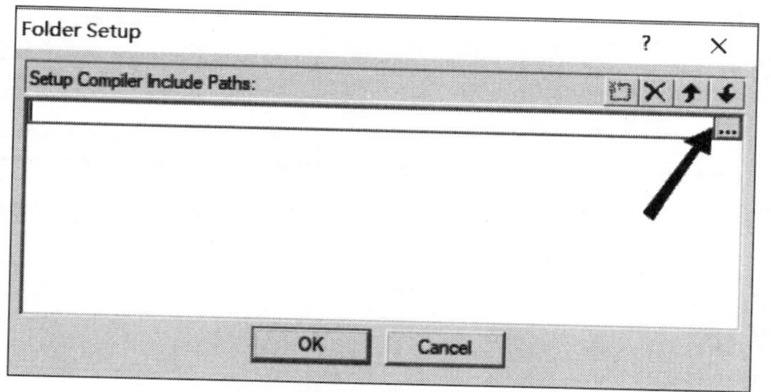

图 4.4 增加空白包含路径后的效果图

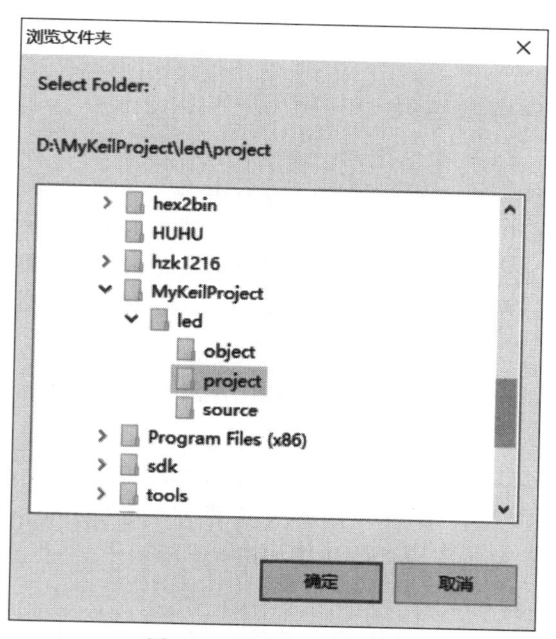

图 4.5 路径指定对话框

复以上过程即可。添加所有头文件的包含路径后，单击图4.4所示界面中的OK按钮即可完成包含目录的设定。此时可以发现Include Paths选项中增加了刚刚添加的包含路径，如图4.6所示。

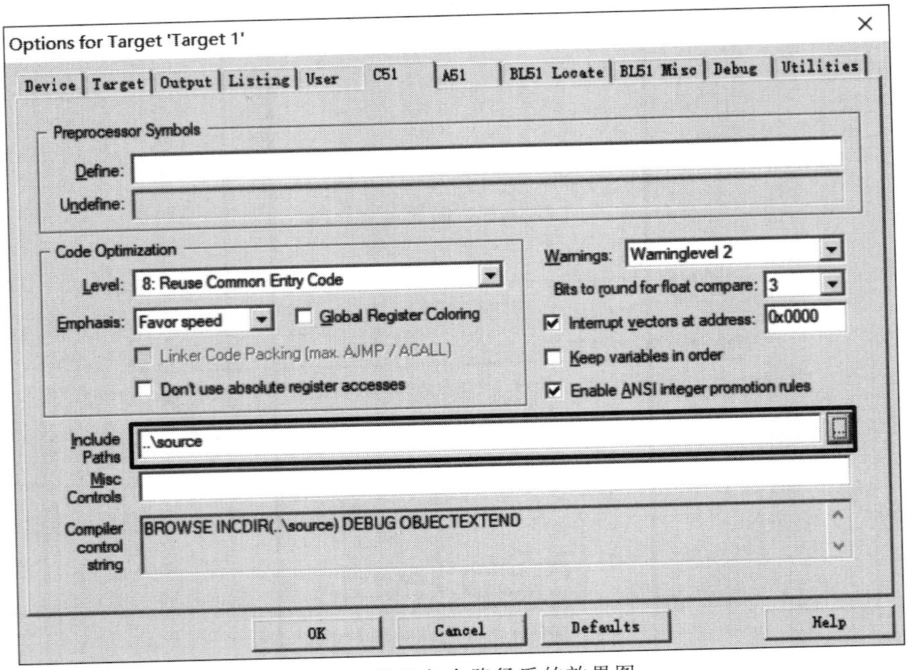

图4.6　设置包含路径后的效果图

4.5.2　设定目标文件存放路径

如果不设置工程的目标文件存放路径，则Keil会默认将编译过程中产生的文件存放在工程文件存放的目录中，这将使得该目录下的文件非常杂乱，不利于文件的管理。在创建工程后，第一次编译前应设定目标文件的存放路径，其设定步骤如下。

单击图4.6所示的"工程选项"对话框中的Output选项卡，得到如图4.7所示的"输出设置"对话框。

单击对话框上部的  Select Folder for Objects... 按钮，弹出如图4.8所示的"输出文件存放路径设置"对话框。

双击打开用于存放目标文件的目录，然后单击OK按钮完成设定。

由于烧录软件STC-ISP要求使用hex文件，因此在Output选项卡下还需选择Create HEX file选项。设置完成后的效果如图4.9所示。

单击图4.9中的OK按钮即可完成设置。

经过该设置后，编译和连接产生的文件均会放置于指定目录，当需要使用STC-ISP烧录时，直接找到存放输出文件的目录即可找到本工程的输出文件。

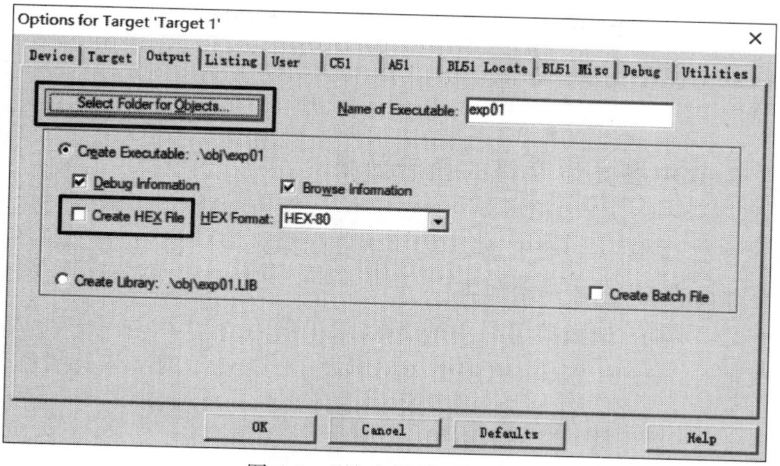

图 4.7　“输出设置”对话框

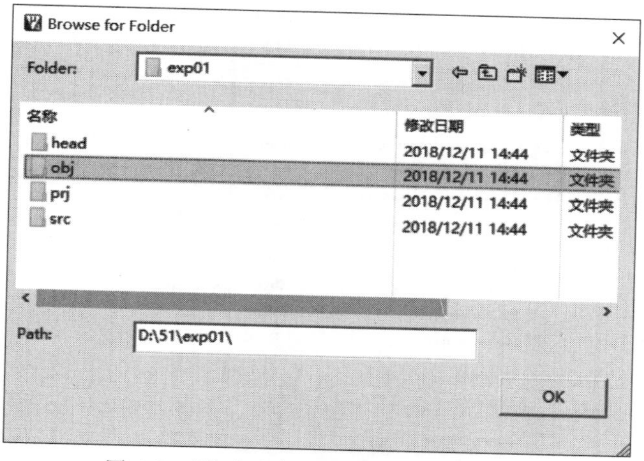

图 4.8　“输出文件存放路径设置”对话框

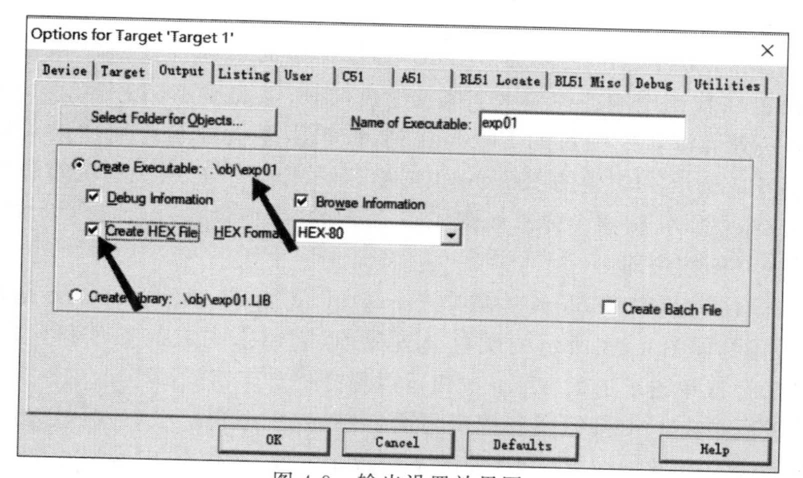

图 4.9　输出设置效果图

4.6 让Keil认识变量类型

4.6.1 设置Keil中各类型字符的显示效果

在Keil编辑环境中，可以设置各种类型字符的颜色及字体，以便在编码或调试过程中容易分辨各种内容，其设置步骤如下。

(1) 如图4.10所示，选择菜单栏中的Edit菜单项，选择Configuration选项。在弹出的对话框中单击Colors & Fonts选项卡，得到如图4.11所示的字体及颜色设置界面。

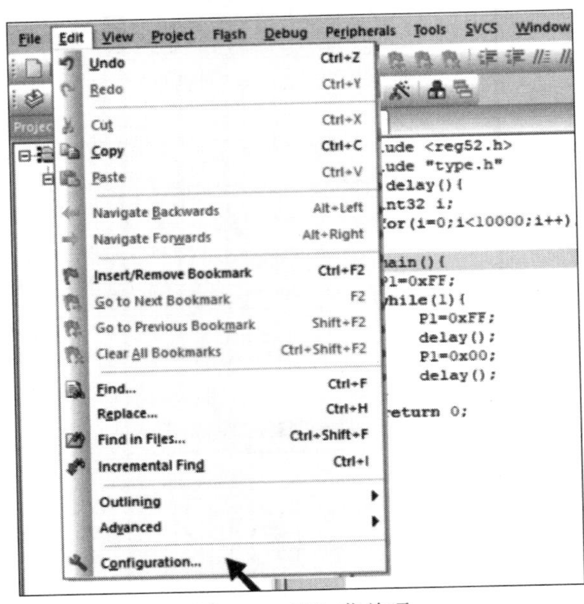

图4.10 Edit菜单项

(2) 图4.11中最左边的一列为Window列，在里面可以设置颜色和字体的文件类型，如需要设置C代码中的各种显示字体及颜色，则可以选择8051：Editor C Files选项。图4.11中间一列为设置子项目的Element列，如果需要设置C代码中的关键字显示效果，则可选择Element列表中的Keyword选项。图4.11最右边一列为字体和颜色设置区。单击Courier New按钮会弹出如图4.12所示的“字体设置”对话框，设置合适的字体和字号后单击OK按钮即可。

(3) 在图4.11中单击Colors区域中Foreground或Background下方颜色块右侧的向下箭头，可得到如图4.13所示的颜色设置界面，它用来完成前景色和背景色的设置。选择合适的颜色或单击下方的More按钮可以选择更加丰富的颜色。

(4) 设置后单击OK按钮回到编辑界面，可以发现编辑区中的代码已经按照刚才设置的方式显示了。如此做即可实现“关键字”“数字”“字符串”等内容以不同的方式显示，以方便编辑查看。

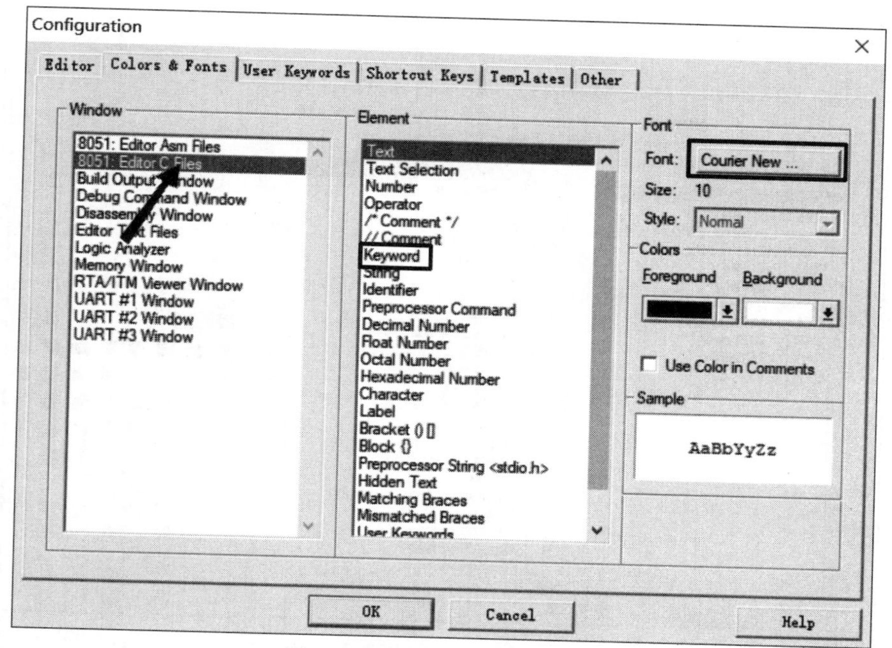

图 4.11　字体及颜色设置界面

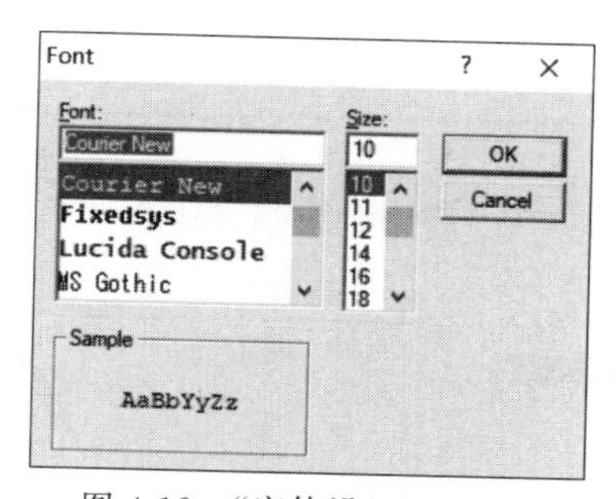

图 4.12　“字体设置”对话框

4.6.2　设置自定义关键字

虽然通过 include 语句包含变量类型相关头文件后可以在编码时使用 int32、uint16 等类型的变量，但是在使用这些自定义变量类型时，Keil 并不会以关键字的方式显示。因此需要进一步设置才能使我们自定义的变量类型被 Keil 看作关键字对待(特别显示)，其步骤如下。

(1) 按照图 4.10 所示的方式打开“设置”对话框并单击 User Keywords 选项卡，得到如图 4.14 所示的界面。

(2) 在 Text File Types 列表中选择 8051：Editor C Files 选项，然后单击 User Keywords 右侧的按钮，在 User Keywords 下方的空白区域会增加一条可编辑文本框，输入一种自定义数据类型的名称，如 int32，如图 4.15 所示。

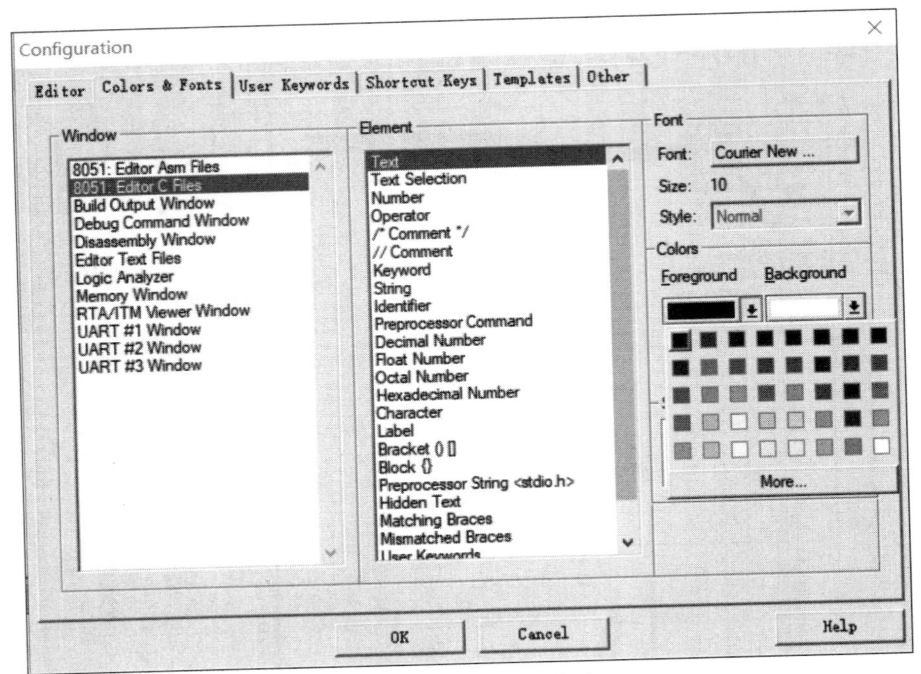

图 4.13 颜色设置界面

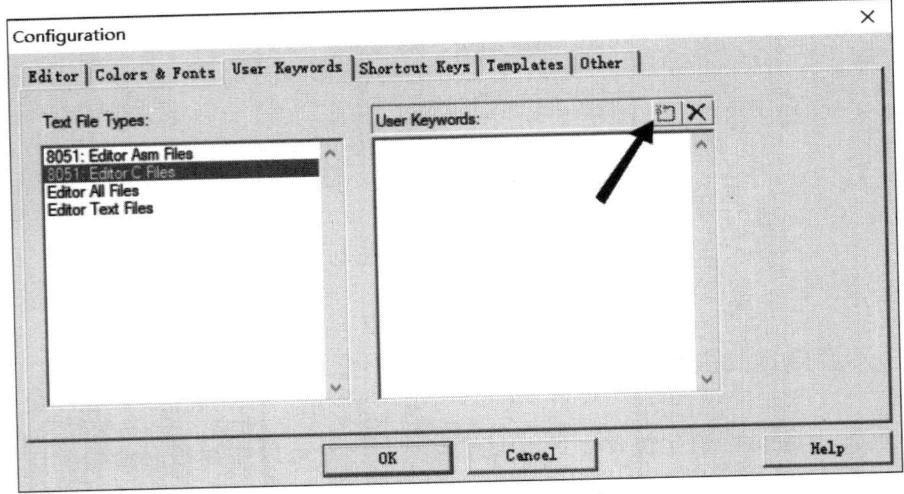

图 4.14 自定义关键字界面

图 4.15 添加自定义关键字界面

(3) 重复步骤(2)直至添加完所有自定义的关键字。注意：当发现某一关键字输入有误时，可在 User Keywords 下方的列表中双击需要修改的对象，然后进行编辑。添加所有自定义变量类型后的效果如图 4.16 所示。

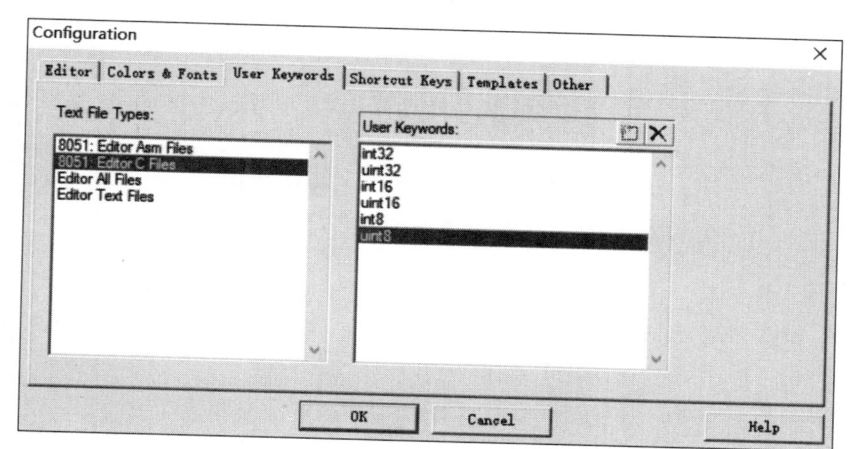

图 4.16　添加所有自定义关键字后的效果图

单击 OK 按钮，返回编辑界面，可以发现 C 代码编辑区域中的自定义关键字已经按照系统关键字的方式显示，如图 4.17 所示。

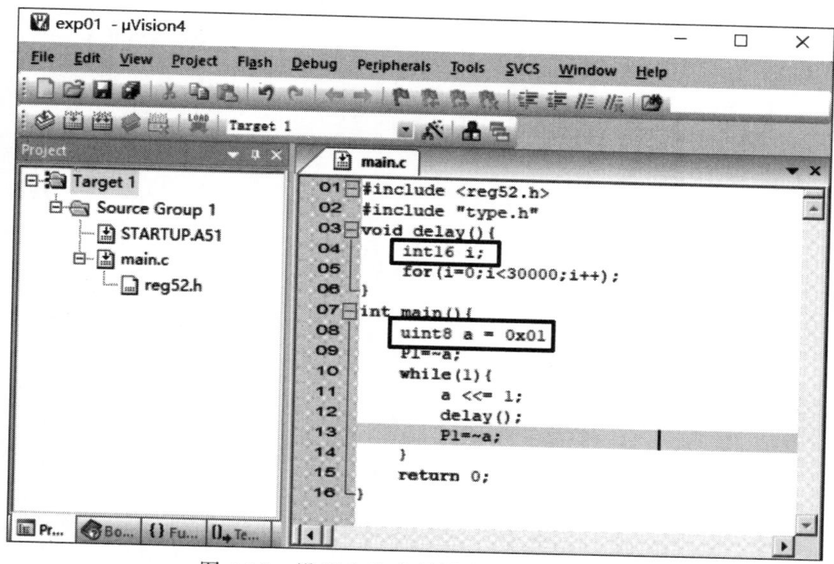

图 4.17　设置自定义关键字后的显示效果

本章小结

本章从机器内核的位数与变量位数的关系开始探讨，分析了定义变量时变量位数和符号类型的确定问题；然后从代码移植性问题开始，介绍了嵌入式开发中关键字 typedef

和头文件的使用;最后讲述了在Keil环境中设置工程包含文件的搜索路径和编译文件的输出路径的基本步骤。

练习

4.1 思考64位PC中的64位整型变量运算和51单片机中的64位整型标量运算的异同。

4.2 编写自己的自定义变量类型头文件并在工程中使用。

4.3 在Keil环境下设置自定义关键字的显示。

第 5 章　I/O 接口内部逻辑及应用

在 51 单片机中，I/O 接口是使用最多、最容易掌握的资源。本章将讲述 51 单片机的 4 个 I/O 接口的内部逻辑及其使用特点，然后通过一些简单示例展示 51 单片机 I/O 接口的应用及注意事项。

5.1　I/O 接口内部逻辑

51 单片机除了可以使用芯片的内部数据存储器和内部程序存储器外，还可以外扩数据存储器和程序存储器。51 系统外扩的数据总线的宽度为 8 位，因此可外扩的存储器存储字长为 8 位；51 系统外部地址总线的宽度为 16 位，因此可外扩的存储器地址空间为 64KB。

图 5.1 为两种不同封装方式下的 8051 单片机引脚图。其中，左图第 30 引脚、右图第 33 引脚 ALE 在单片机运行时的作用为区别外部地址访问数据存储器和程序存储器。

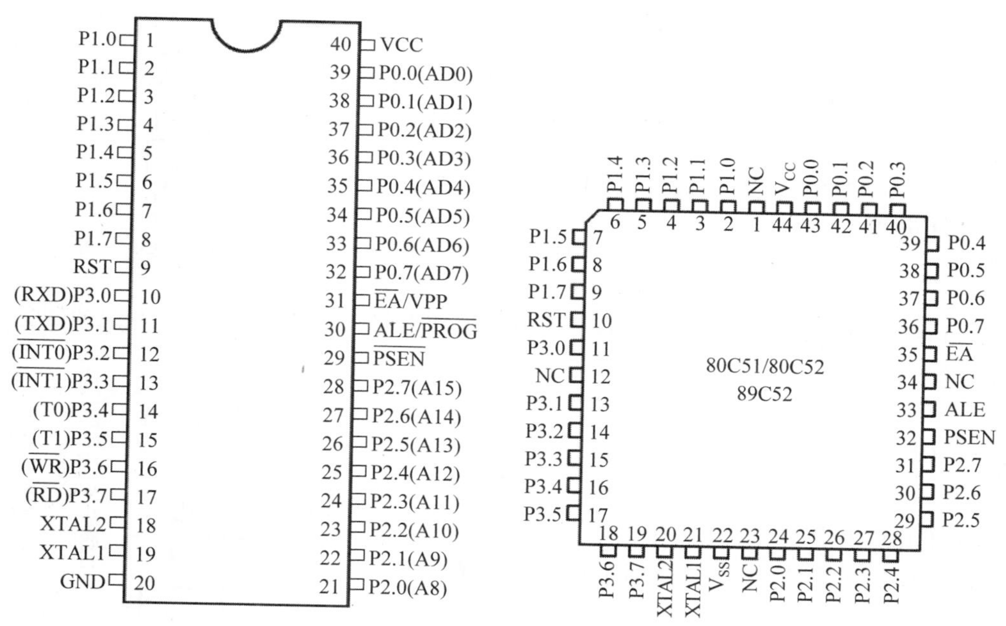

图 5.1　8051 引脚图

当系统需要使用外扩的数据存储器和程序存储器时，P0 口和 P2 口将被作为专门的数据总线接口和地址总线接口。其中，P0 口被用作数据总线和地址总线的低 8 位，P2 口被用作地址总线的高 8 位。51 单片机的 4 个并行 I/O 接口的内部逻辑结构也因其可能的用途而有所不同。

5.1.1 P0 口

51 单片机的 P0 口除了可以作为普通 I/O 接口之外，还可能被用作数据和地址总线，其内部逻辑结构如图 5.2 所示。

从图 5.2 中可以看出，通过改变“MUX 开关”“地址/数据”以及“控制”可以使 P0 口作为数据或地址总线使用。

当 P0 口作为普通 I/O 接口输出时，“控制”线为低电平，使得上方的场效应管处于截止状态；同时多路开关 MUX 链接 $\overline{Q}$ 端。当锁存器中存放的数据为 0 时，$\overline{Q}$ 端输出高电平，下方场效应管打开，P0.X 通过场效应管接地，表现出低电平；当锁存器中存放的数据为 1 时，$\overline{Q}$ 端输出低电平，下方场效应管截止，此时 P0.X 必须连接如图 5.3 所示的上拉电路才能表现出高电平。因此，当 P0 口作为普通 I/O 接口输出使用时，必须连接上拉电路，否则无法表现出高电平。

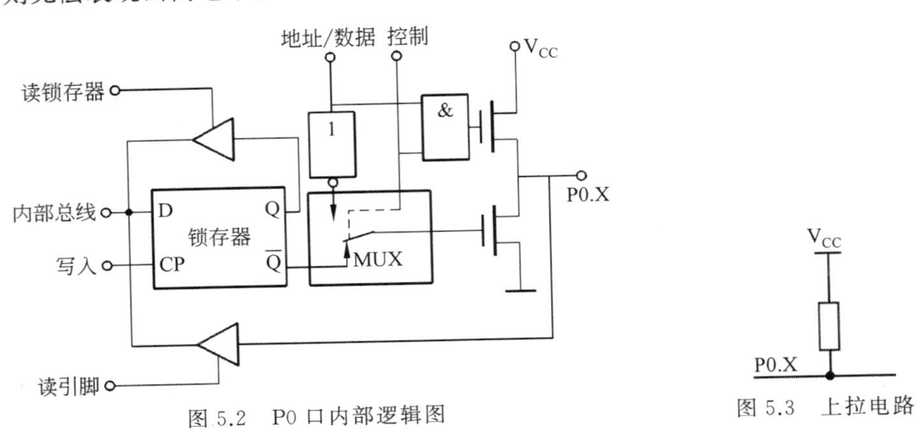

图 5.2 P0 口内部逻辑图

图 5.3 上拉电路

当 P0 作为输入时，“读引脚”信号将下方的缓冲器打开，引脚上的状态经缓冲器读入内部总线。

5.1.2 P1 口

51 单片机的 P1 口是功能最单一的 I/O 接口，只能作为普通 I/O 接口使用，其内部逻辑结构如图 5.4 所示。

当 P1 输出时，若从内部总线写入锁存器的数据为 1，则 $\overline{Q}$ 端输出低电平，场效应管处于截止状态，P1 输出端通过内部上拉电路表现出高电平；若从内部总线写入锁存器的数据为 0，则 $\overline{Q}$ 端输出高电平，场效

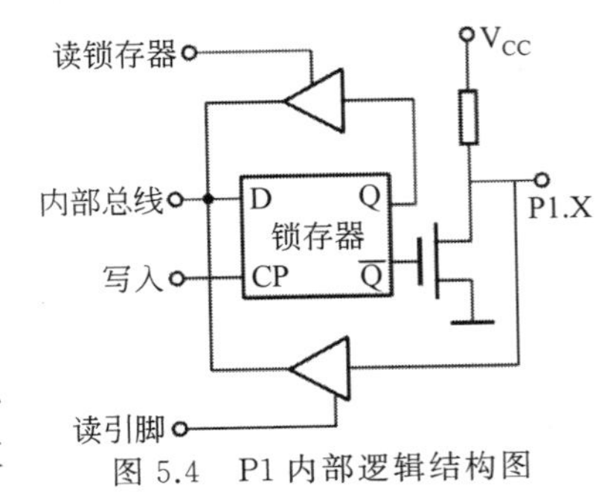

图 5.4 P1 内部逻辑结构图

应管处于导通状态，P1 输出端通过场效应管接地，表现出低电平。因此，与 P0 不同，由于 P1 有内部上拉电路，因此 P1 在输出时无须外接上拉电路。区别在于 P0 口引脚没有内部上拉电路，P1 作为输出时，必须外接上拉电阻才能输出 1；P1 口输出 1 时是通过内部上拉电路实现的。当需要输出较大电流时，内部上拉电阻的分压作用会使真正的输出电压变低。因此当 P1 口作为输出时，不能依靠 P1 口向外输送太大的电流。

当 P1 口用作输入 I/O 接口使用时，由于场效应管直接连接了 $\overline{Q}$ 端，因此若锁存器预先存放的数据为 0，则场效应管处于导通状态。此时打开“读引脚”，不论连接的电平如何，内部总线获取的数据始终是 0。因此，P1 口在作为输入 I/O 接口使用前，应确保锁存器内的数据为 1(P0～P3 口锁存器内的数据在系统启动时的默认值为 1)。只有场效应管处于截止状态，才能正确获取外部状态。

5.1.3　P2 口

51 单片机的 P2 口是地址总线和普通 I/O 双功能口。如果无需外扩存储器，则 P2 口就可以作为普通 I/O 接口使用，其内部逻辑结构如图 5.5 所示。

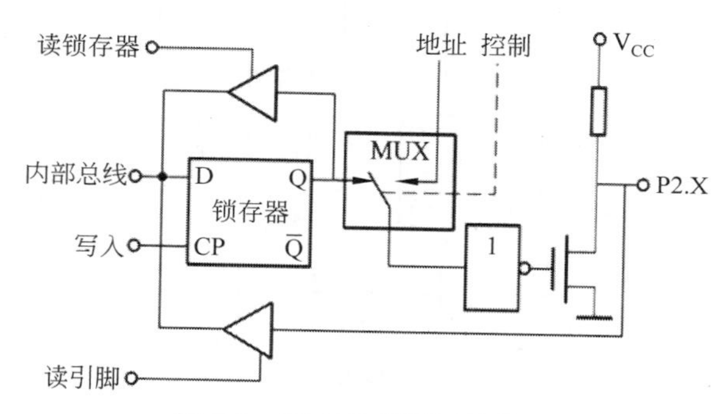

图 5.5　P2 口内部逻辑结构图

当 P2 口作为地址总线使用时，“控制”端使得多路开关连接“地址”线，输出地址信息。P2 口作为普通 I/O 接口使用时，“控制”端使得多路开关接至 Q 端。

P2 口作为普通 I/O 接口输出时，若从内部总线写入锁存器的数据为 1，则 Q 端送出高电平。通过非门使场效应管处于截止状态，端口通过内部上拉电路使引脚表现出高电平；若从内部总线写入锁存器的数据为 0，则场效应管导通，端口引脚表现出低电平。与 P1 口类似，P2 口在作为输入 I/O 接口使用前，应确保锁存器内的数据为 1。

5.1.4　P3 口

P3 口除了可作为普通 I/O 接口使用外，其每一个引脚还有第二功能，如表 5.1 所示。

表 5.1　P3 口的第二功能

管脚	第二功能	备　注
P3.0	RXD	串行输入口
P3.1	TXD	串行输出口
P3.2	INT0	外部中断 0
P3.3	INT1	外部中断 1
P3.4	T0	定时器 0 外部计数输入
P3.5	T1	定时器 1 外部计数输入
P3.6	WR	外部数据存储器写选通
P3.7	RD	外部数据存储器读选通

P3 口的内部逻辑结构如图 5.6 所示。

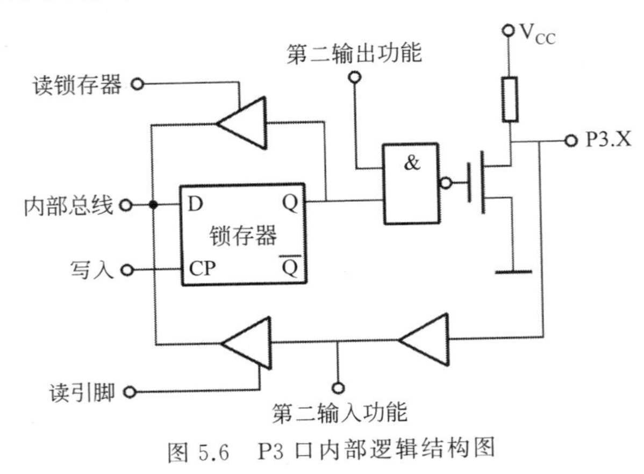

图 5.6　P3 口内部逻辑结构图

当 P3 口作为普通的 I/O 接口输出时，“第二输出功能”线会保持高电平，使锁存器 Q 端的输出畅通。当 P3 口作为第二输出功能信号输出时，应确保锁存器内存放的值为 1，以确保通过与非门的“第二输出功能”信号输出畅通。从内部逻辑结构图可以看出，当 P3 口作为普通 I/O 接口使用时，其用法和 P1 口类似。

5.2　输出

如果应用中是通过改变 MCU 的某个引脚的高低电平控制某个外设完成某个“动作”的，那么该 MCU 的引脚将作为输出使用，即信息流从 MCU 内部流向 MCU 外部。当引脚为高电平时，可能有电流流出，也可能没有电流流出；同样，当引脚为低电平时，可能有电流流入，也可能没有电流流入，如图 5.7 所示。

图 5.5(a)中，当引脚为高电平时，电路中没有电势差，不会产生电流，因此 LED 灯为熄灭状态；当引脚为低电平时，电路中形成了电势差，电流通过限流电阻流经 LED 灯，最后流

入MCU内部，LED灯发光，此为引脚为高电平时没有电流，为低电平时有电流流入的例子。

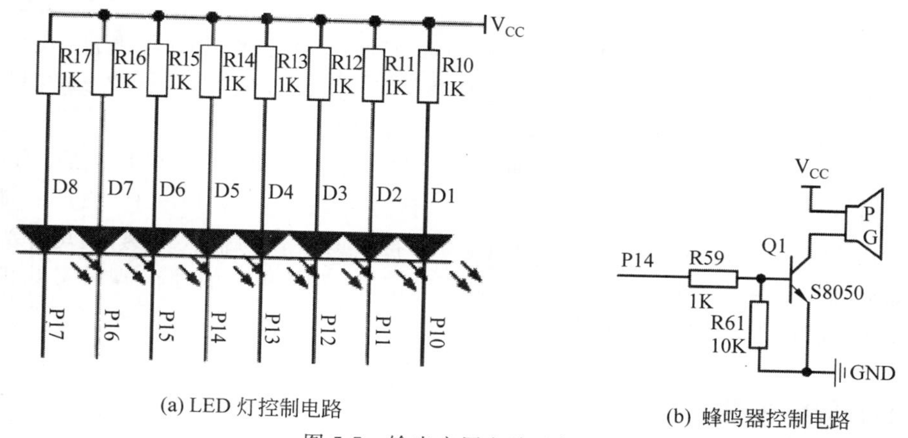

(a) LED灯控制电路

(b) 蜂鸣器控制电路

图5.7 输出应用电路示例图

图5.5(b)中，当P14引脚为高电平时，NPN型三极管S8050的基极和发射极间形成了电压差，三极管导通，蜂鸣器发出声音，此时有少量电流从P14引脚流出；当P14引脚为低电平时，由于三极管的基极和发射极之间没有电势差，因此三极管处于截止状态，蜂鸣器不响，P14引脚没有电流流出或流入。

注意：由于51单片机的引脚作为普通I/O接口输出时，高电平都是由上拉电路产生的(P0口需要接外部上拉，P1、P2、P3口芯片有内部上拉)，因此不能提供太大的电流。而低电平是通过接通内部接地的场效应管产生的，因此能吸收较大电流。

5.3 输入

如果应用中是通过MCU的某个引脚“感受”外部设备“输送”的高低电平的变化的，那么该MCU引脚将作为输入使用，即信息流从MCU外部流向MCU内部。在一些特殊的应用中，外部设备“输送”来的状态可能包含“浮空态”。在如图5.8所示的按键电路中，当键被按下时，MCU引脚获取低电平，但按键未被按下时，MCU引脚未接低电平，也未接高电平，此时称作“浮空态”。该应用中，我们希望外部浮空时MCU读取到高电平，因此需要连接上拉电路。但51单片机的P1、P2、P3口内部有上拉电路，因此该类应用可直接连接51单片机的P1、P2、P3口引脚。

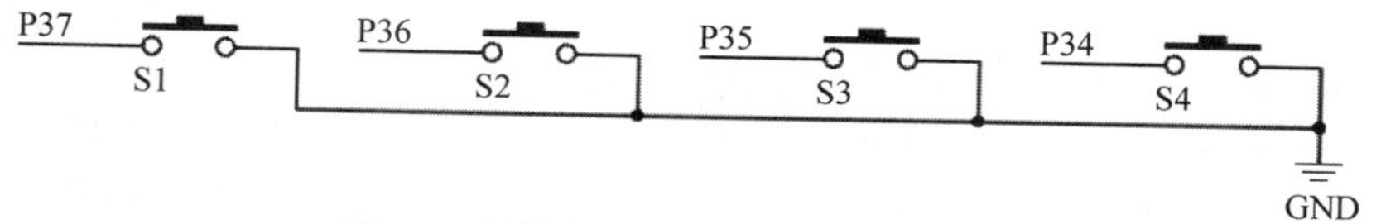

图5.8 提供低电平和浮空态的应用电路

实际上，按键电路还可以如图5.9所示，该电路只提供高电平状态和浮空态，因此该电路需应用于有内部下拉或外接下拉电路的场合。由于51单片机的P1、P2、P3口有内

部上拉电路，所以该电路不适用于 51 单片机的 P1,P2,P3 口，可以外接下拉电路后连接 P0 口使用。

图 5.9 提供高电平和浮空态的应用电路

需要注意的是，如果锁存器中预先存放的数据为 0，使得连接到地的场效应管已经导通，则此时不论外设是什么状态，从 MCU 引脚读取到的都是 0；只有锁存器写入了 1，场效应管才会截止，才能正确获取外设作用在 I/O 引脚上的电平状态。因此当 51 单片机的 I/O 接口作为输入时，应确保锁存器中存放的值为 1。由于 51 系统复位后，P0～P3 口所有锁存器的默认值均为 1，因此复位后的 51 单片机的 I/O 接口既可作为输入使用，也可作为输出使用。如果在作为输入使用前锁存器中的值不确定，则需向相应的锁存器写入 1，即执行“P1＝0xFF”或“P34＝1”之类的语句。

5.4 有源蜂鸣器

蜂鸣器根据其内部是否包含振荡源可分为“有源蜂鸣器”和“无源蜂鸣器”，内部包含振荡源的称为有源蜂鸣器，只要接通电源就能发出声音，但因其包含的振荡源的振荡频率是固定的，因此有源蜂鸣器只能发出某一固定频率的音频。有源蜂鸣器通常应用于只需要发出“嘟”声的应用场合。

无源蜂鸣器因其内部不包含振荡源，因此即使接通电源也无法发出声音，必须根据所需发出声音的频率间断性为无源蜂鸣器提供电源。无源蜂鸣器的优点是可以根据需要调整间断性电源的频率以使其发出不同频率的声音。无源蜂鸣器一般用于需要发出简单的电子音乐的应用场合。

本实例中使用的是有源蜂鸣器，只要接通有源蜂鸣器的电源即可使其发声。但由于其工作时需要较大的电流，因此一般不会直接使用单片机提供的电流驱动蜂鸣器发声，而是采用图 5.7(b)或图 5.10 所示的电路。由于 51 单片机逻辑内部存在上拉电路，因此 51 单片机的有源蜂鸣器驱动采用如图 5.10 所示的电路会更稳定。如果购买有源蜂鸣器模块，最好选择低电平触发的模块。

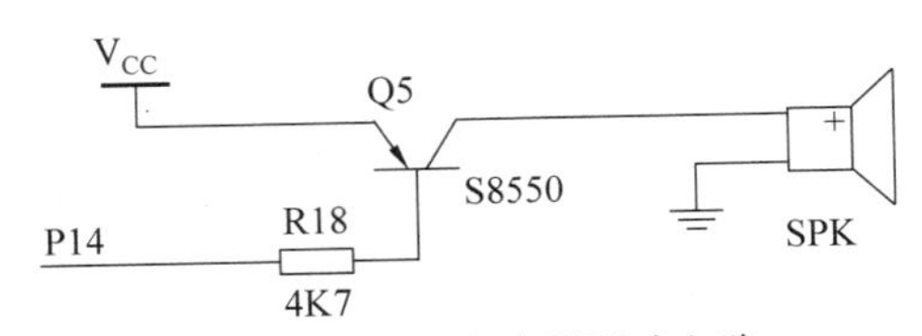

图 5.10 有源蜂鸣器驱动电路

该驱动电路与 51 单片机连接后的完整驱动电路如图 5.11 所示。

图 5.11 中虚线框内为 51 单片机内部电路，虚线框外为蜂鸣器驱动电路。当锁存器中值为 1 时，场效应管截止，引脚因内部上拉输出高电平，PNP 型三极管集电极和基极之间没有电压差，三极管处于截止状态，蜂鸣器没有电流通过，不发声；当锁存器中值为 0 时，场效应管导通，引脚输出低电平，PNP 型三极管集电极和基极之间有电压差，三极管导通，电流从外部 VCC 端流经三极管 S8550 后从蜂鸣器流过，蜂鸣器发出声音。因此只需向锁存器写入 0 即可控制蜂鸣器发出声音；向锁存器写入 1 即可控制蜂鸣器停止发声。

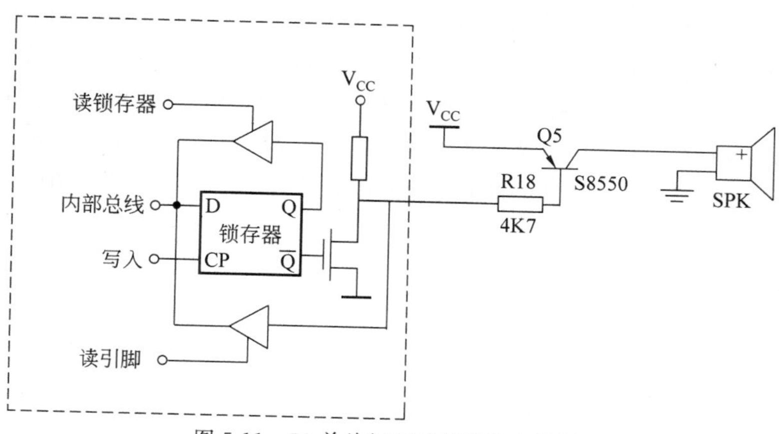

图 5.11　51单片机驱动蜂鸣器电路图

示例中,将图5.10所示的驱动电路连接51单片机的P14口。接下来按照第2章所示操作步骤创建一个针对STC89C52RC的工程并设置工程的输出路径及文件搜索路径等相关属性,在main.c文件中输入如下内容,编译后下载程序到实验板,使有源蜂鸣器大约1秒鸣叫一次。

```
#include <reg51.h>
sbit BEEP=P1^4;                              //定义蜂鸣器操作相关的特殊功能位
#define beepOn()     BEEP=0                  //定义打开蜂鸣器的伪函数
#define beepOff()    BEEP=1                  //定义关闭蜂鸣器的伪函数

int main(){
    int i;
    while(1){
        beepOn();                            //打开蜂鸣器,使其发出声音
        for(i=-30000;i<30000;i++);           //约500毫秒延时
        beepOff();                           //关闭蜂鸣器,使其停止发声
        for(i=-30000;i<30000;i++);           //约500毫秒延时
    }
}
```

代码第2行"sbit BEEP=P1^4;"定义了驱动蜂鸣器的特殊功能位。本实验将蜂鸣器模块连接到了51单片机的P1.4引脚,因此定义BEEP为P1口的第4位。为了便于理解,代码中用于循环延时的16位有符号数i使用了int类型,实际开发中常采用的是第4章讲述的int16型。也因为相同原因,后续章节中的示例工程代码和变量类型也没有按照第4章的方式定义。

如果读者使用的是实验板自带的有源蜂鸣器,则一般都为与图5.10类似的蜂鸣器驱动电路。只是连接的引脚可能有所不同,在编码时将代码中的"P1^4"改写成对应的引脚编号(如"P2^3")即可。

在本实验中,蜂鸣器驱动电路通常采用PNP型三极管,因此为低电平触发,控制引脚为低电平时蜂鸣器鸣叫,因此第3行代码"#define beepOn()BEEP=0"定义了打开蜂鸣器的伪函数[①] beepOn(),即向引脚BEEP写入0时蜂鸣器开始鸣叫,反之则停止鸣叫。若蜂鸣器驱动电路中采用NPN型三极管,则为高电平触发,此时需将宏定义伪函数的beepOn()和beepOff()代码中的0和1稍作修改。PNP和NPN三极管在电路图中的符号如图5.12所示。

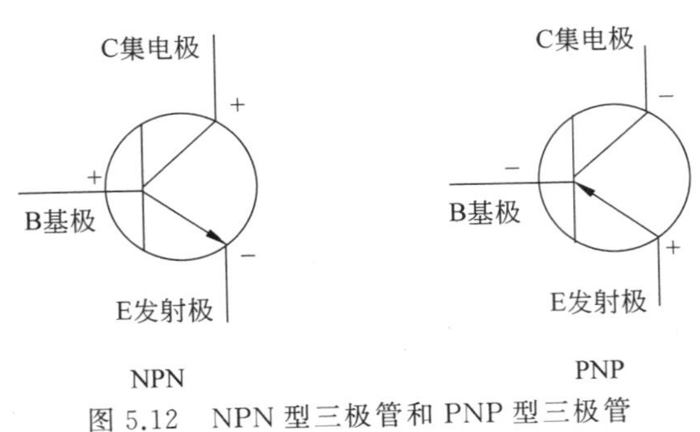

图5.12 NPN型三极管和PNP型三极管

如果读者使用的是最小系统且使用如图5.13所示的有源蜂鸣器模块,则在连接电源后将I/O引脚连接到P14即可。如果连接到51单片机的其他I/O引脚,则需要把代码中的"sbit BEEP=P1^4;"语句稍作修改。本实验相关工程可参考示例工程beep。

图5.13 有源蜂鸣器模块

特别提醒:连接模块时应先断开学习板电源,连接后在确保每条连接线正确无误后再打开电源,电源线的连接要格外小心。

5.5 按键

在嵌入式应用中,按键的应用非常广泛,下面从按键电路及编码两个方面展开讨论。

5.5.1 按键电路

嵌入式应用中按键电路包含两种基本的按键电路形式:独立连按键和矩阵按键。独立按键的原理图如图5.14所示。图5.14(a)中,在按键连接单片机的一端连接上拉电路

① 在C51中,为了提高代码可读性,可将一些抽象的语句宏定义为函数形式,称之为伪函数。如果采用真正的函数方式实现,则会因调用函数时的入栈和出栈相关工作浪费时间。

(通过电阻连接到 V_{CC}),另一端直接接地,当键被按下时,单片机能从I/O接口读取到低电压状态0;当键未被按下时,单片机从I/O接口读取到高电平1;电路(b)和(a)相反,按键被按下时读取到1,按键未被按下时读取到0。

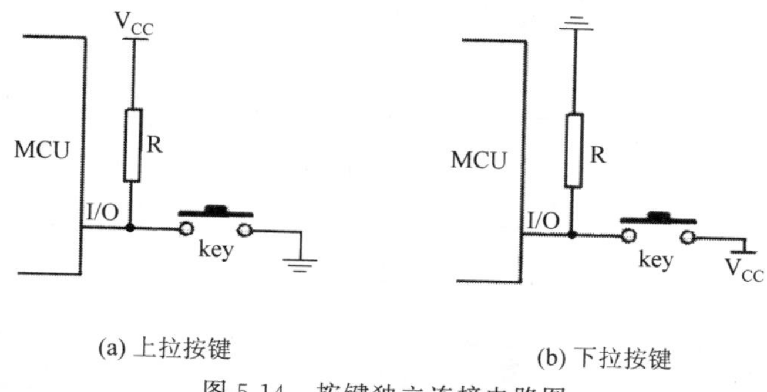

图5.14 按键独立连接电路图

由于51单片机的P1、P2、P3口内部均有上拉电路,因此51单片机的P1、P2、P3口外接独立连接按键时,不能采用图5.14(b)所示的电路,应采用图5.14(a)所示的电路。同时,因为51单片机P1、P2、P3口有内部上拉电路,使用它们外接独立按键时可去掉上拉电路部分,因此当使用P1、P2、P3口外接独立连接按键电路时,连接电路如图5.15所示。当使用P0口连接独立按键时,可选择如图5.14(a)或图5.14(b)所示的电路,其中的上拉或下拉电路不能省略。

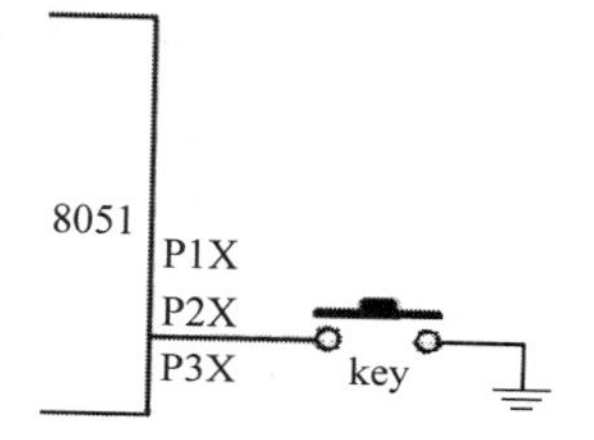

图5.15 51单片机独立连接按键电路

独立连接方式的优点在于其电路结构简单,按键相关代码的编写比较容易,可靠性高,经常用在按键较少的应用场合。但该方式的一个按键需要占用一个I/O引脚,在按键比较多的应用场合会导致单片机的I/O引脚不够用的情况发生,因此在这种应用场合一般采用矩阵按键连接方式。

矩阵按键连接方式的原理如图5.16所示。在捕捉矩阵键盘按键动作时,可采用逐行扫描或逐列扫描的方式。

图5.16(a)所示的电路适合逐行扫描。当捕捉ROW1行的按键情况时,向ROW1行输出低电平,其他行输出高电平,则可以读取COL1~COL4状态,即可获取S1_7、S5_8、S9_9、S13_F1这几个按键的状态。若从COL1读到低电平,则键S1_7被按下;若读到高电平,则键S1_7未被按下。

图5.16(b)所示的电路也适合逐行扫描。当捕捉ROW1行的按键情况时,向ROW1行输出高电平,其他行输出低电平,若从COL1读到高电平,则键S1_7被按下;若读到低电平,则键S1_7未被按下。

矩阵按键方式的优点在于在需要布置的按键较多时可以节省单片机的I/O引脚,但按键动作的捕捉编码比独立连接方式复杂。

当51单片机的P1、P2、P3口连接矩阵时,由于其内部有上拉电路,因此只能采用图5.16(a)所示的电路,同时可以去掉所有的上拉电路,即51单片机连接矩阵按键电路时的连接方式如图 5.17 所示。如果实验板上没有矩阵按键,则可另行购买。图 5.18 为 4×4 矩阵按键实物图,图 5.18(a)为 4×4 薄膜键盘,将它直接插到 51 单片机的 P1、P2、P3 口的排针上即可使用。图 5.18(b)为 PCB 板型实验用 4×4 矩阵按键,需使用杜邦线将其连接到 51 单片机的 P1、P2、P3 口才能使用。

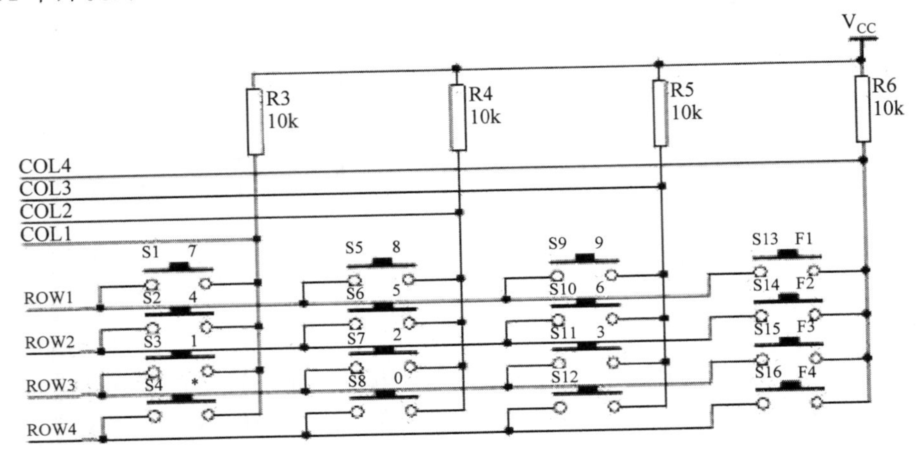

(a) 上拉矩阵键盘电路

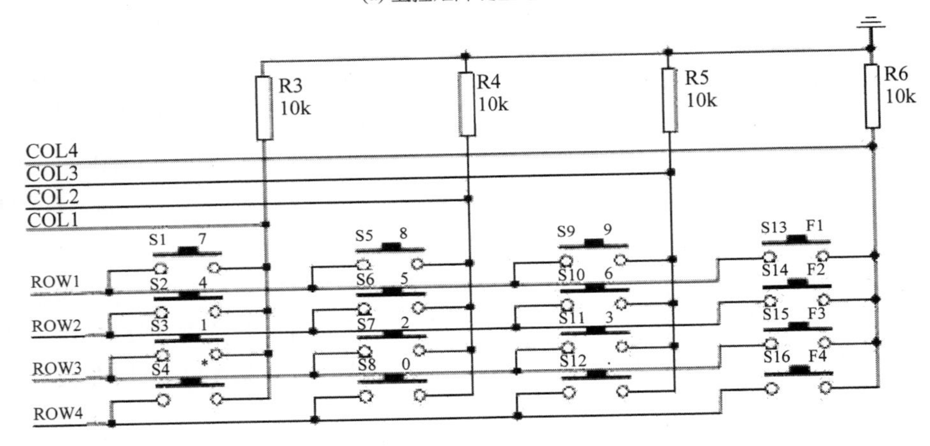

(b) 下拉矩阵键盘电路

图 5.16　4×4 矩阵键盘电路

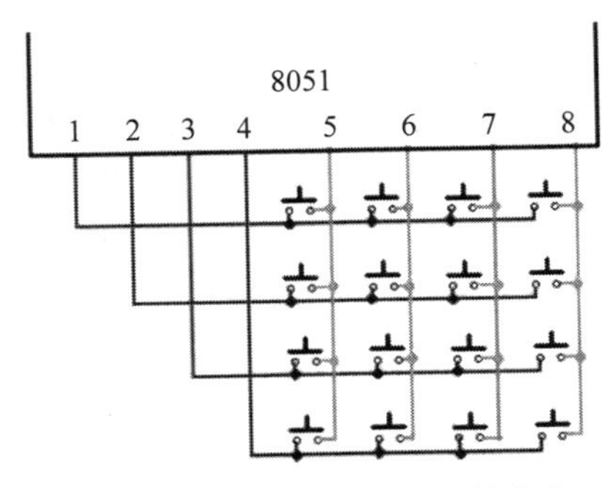

图 5.17　51 单片机矩阵按键电路

(a) (b)

图 5.18 4×4 矩阵按键实物图

5.5.2 独立按键编码

按键编码方式有两大类：一种是需要时扫描①；另一种是平时扫描，需要时直接使用。

第一种方式即当需要根据按键状态做出决策时才去查看 I/O 接口，然后根据 I/O 接口反映的按键状态（按下或放开）做出响应。该方式很难对键的按下或放开过程做出响应，但可以对键已经按下或已经放开的状态做出响应。同时，如果在代码中加入去抖功能，则必然导致按键扫描过程花费的时间较长，不利于实时多任务的执行，因此不推荐使用该方式。

第二种方式即平时定期扫描按键状态，及时捕获“按下”和“放开”的动作，以此做出对应的响应。该方式可以通过计算从“按下”到“放开”的时间长度判断连续按键动作。

在 51 单片机中，如果采用如图 5.12 所示的按键驱动电路，则在键未被按下时，I/O 引脚获取到的是高电平状态；当键被按下后，I/O 引脚获取到的是低电平状态。如图 5.19 所示，根据前后两次扫描 I/O 接口所得状态的变化即可捕获“按下”和“放开”动作。

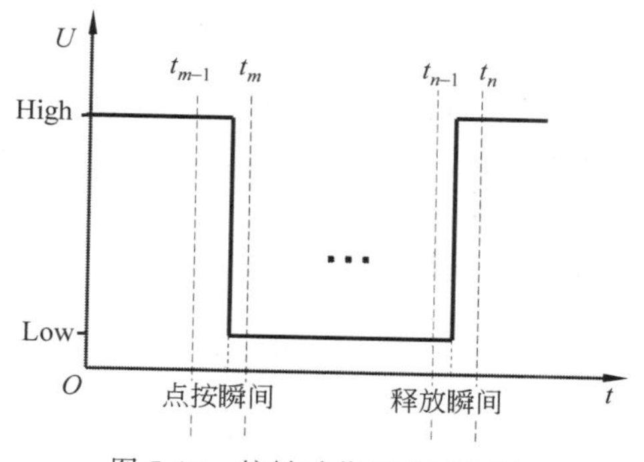

图 5.19 按键动作捕获原理图

假设按键电路的连接引脚为 P3.7，按照图 5.19 所示原理，可得按键扫描相关代码如下。

① 按键扫描即获取按键状态，由于一些应用中需要定期查看每个按键的状态，因此习惯称查看按键状态的动作为“扫描”。

```
sbit KEY1 =P3^7;
bit key1_down =0,key1_up =0;
void keyScan(){
    static bit key1_state =1, old_key1_state =1;
    key1_state =KEY1;
    if(old_key1_state==1 && key1_state==0)     key1_down=1;
    if(old_key1_state==0 && key1_state==1)     key1_up=1;
    old_key1_state =key1_state;
}
```

只要保证在主函数中定期调用 keyScan()函数，然后根据 key1_down 和 key1_up 的值对“按下”和“放开”动作做出响应即可。但是由于系统运行环境或其他原因，该代码的可靠性不高。如图 5.20 所示，外界干扰或用户按下按钮时的轻微抖动都可能引起系统的误判。

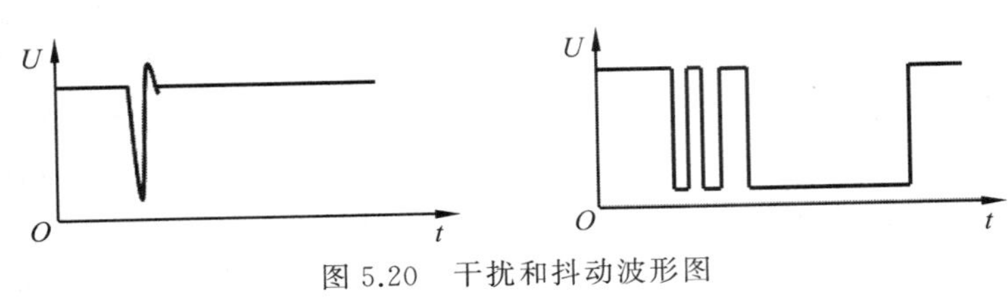

图 5.20　干扰和抖动波形图

提高按键判断的可靠性需要从硬件和软件入手。从硬件入手指在按键上并接一个小电容，即可过滤掉杂波和抖动，但该方式是以增加硬件电路复杂性和硬件成本为代价的。从软件入手指通过修改按键捕获相关代码以提高系统的可靠性，策略如下。

(1) 在固定时间间接扫描按键引脚状态并记录。

(2) 若最近 4 次扫描结果出现 1101 或者 0010，则认为中间出现的 0/1 为抖动或干扰，修正为 1111 和 0000。

(3) 若最近 8 次扫描结果为 1111 0000，则可判断按键有被“按下”的动作发生；若结果为 0000 1111，则可判断按键有被“放开”的动作发生，以此为依据做出按键被按下或放开的响应。

根据以上按键捕获策略，可得到以下按键扫描代码。

```
sbit KEY1 =P3^7;
bit key1_down =0,key1_up =0;
void keyScan(){
    static unsigned char filter=0xFF;       //用于记录最近 8 次扫描结果
    filter <<=1;                            //预留最低位,用于记录最新一次扫描结果
    if( KEY1==1) filter |=0x01;             //在 filter 最低位记录扫描值
    if((filter&0x0F)==0x0D) filter |=0x02;  //若近 4 次为 1101,则将中间的 0 修正为 1
    if((filter&0x0F)==0x02) filter &=0x0D;  //若近 4 次为 0010,则将中间的 1 修正为 0
    if(filter ==0xF0)   key1_down =1;       //捕获到下降沿
    if(filter ==0x0F)   key1_up =1;         //捕获到上升沿
}
```

以上代码为对一个按键的捕获，如果要捕获多个独立按键，则可以用相同的方式添加其他按键的捕获代码。在主函数中，需要定期调用函数keyScan()，即可实现对按键的实时捕获，然后根据全局变量key1_down和key1_up的值对按键动作进行响应。

以下代码实现的效果为点按一次按键，LED灯便改变一次状态。

```
sbit LED=P1^0;                  //假设 LED 灯由 P1.0 控制，读者可根据实际情况修改
int main(){
    while(1){                   //系统主循环，约 5ms 循环一次，循环周期与延时函数有关
        keyScan();              //扫描按键
        if(key1_down){
            key1_down =0;       //清除"按下"标志，避免下一次循环时再次触发
            LED =!LED;          //改变 LED 的状态
        }
        delay_ms(5);            //延时约 5ms
    }
}
```

在按键扫描代码中，当捕获到"按下"动作后，对每次扫描进行计数，若计数值达到某一确定值时还未捕获到"放开"动作，则认为按键被"长按"，将产生连续触发事件。请读者自行实现该效果。

为了使得今后在实验中方便使用按键功能，可以将按键代码放入源文件key.c中，其内容如下。

```
/*  4个独立按键扫描源文件 key.c,通过全局变量标志按键状态 */
#include "key.h"
/* 定义 4 个按键对应的 I/O 口,可根据实际情况修改 */
sbit KEY1 =P3^7;
sbit KEY2 =P3^6;
sbit KEY3 =P3^5;
sbit KEY4 =P3^4;
/* 定义全局位变量,用于反映按键捕获结果,为 1 则捕获相应动作 */
bit key1_down =0,key1_up =0, key2_down =0,key2_up =0;
bit key3_down =0,key3_up =0, key4_down =0,key4_up =0;
void keyScan(void){
    /* 定义用于记录最近 8 次扫描结果的变量 */
    static unsigned char key1_filter=0xFF,key2_filter=0xFF,
                         key3_filter=0xFF,key4_filter=0xFF;
    /* 预留最低位,用于记录最新一次的扫描结果 */
    key1_filter <<=1;
    key2_filter <<=1;
    key3_filter <<=1;
    key4_filter <<=1;
    /*  在 filter 最低位记录扫描值 */
    if( KEY1 ) key1_filter |=0x01;
```

```
    if( KEY2 ) key2_filter |=0x01;
    if( KEY3 ) key3_filter |=0x01;
    if( KEY4 ) key4_filter |=0x01;
    /* 若近 4 次为 1101,则将中间的 0 修正为 1 */
    if((key1_filter & 0x0F) ==0x0D) key1_filter |=0x02;
    if((key2_filter & 0x0F) ==0x0D) key2_filter |=0x02;
    if((key3_filter & 0x0F) ==0x0D) key3_filter |=0x02;
    if((key4_filter & 0x0F) ==0x0D) key4_filter |=0x02;
    /* 若近 4 次为 0010,则将中间的 1 修正为 0 */
    if((key1_filter & 0x0F) ==0x02) key1_filter &=0x0D;
    if((key2_filter & 0x0F) ==0x02) key2_filter &=0x0D;
    if((key3_filter & 0x0F) ==0x02) key3_filter &=0x0D;
    if((key4_filter & 0x0F) ==0x02) key4_filter &=0x0D;
    /* 捕获下降沿 */
    if(key1_filter ==0xF0) key1_down =1;
    if(key2_filter ==0xF0) key2_down =1;
    if(key3_filter ==0xF0) key3_down =1;
    if(key4_filter ==0xF0) key4_down =1;
    /* 捕获上升沿 */
    if(key1_filter ==0x0F) key1_up =1;
    if(key2_filter ==0x0F) key2_up =1;
    if(key3_filter ==0x0F) key3_up =1;
    if(key4_filter ==0x0F) key4_up =1;
}
```

其对应的头文件 key.h 内容如下。

```
/**************key.h**************
1.配置按键相关引脚
2.申明按键是否被点按的外部变量
3.申明按键相关函数
*************************************/
#ifndef __KEY_H__
#define __KEY_H__
#include <reg52.h>
sbit S1=P3^7;                                    //KEY1 对应的引脚为 P37
sbit S2=P3^6;                                    //KEY2 对应的引脚为 P36
sbit S3=P3^5;                                    //KEY3 对应的引脚为 P35
sbit S4=P3^4;                                    //KEY4 对应的引脚为 P34
extern bit key1_down,key2_down,key3_down,key4_down;
                                                 //申明外部变量,KEY1~4 是否被点按
void key_scan(void);                             //申明扫描按键函数
#endif
```

有了以上两个文件后,就可以直接将 key.c 加入工程,主循环中定期调按键扫描函数

keyScan(),即可捕获各按键的操作。以下代码为4个按键的点按改变4个LED灯显示状态的代码(详见示例工程key)。

```
#include <reg52.h>
#include "key.h"                                    //包含按键头文件
sbit LED1=P1^0;
sbit LED2=P1^1;
sbit LED3=P1^2;
sbit LED4=P1^3;
/* 软件延时n毫秒,不准确 */
void delay_ms(char n){
    short i;
    i=100*n;
    while(i>0) i--;
}
int main(){
    while(1){
        keyScan();
        if(key1_down){    key1_down=0;  LED1 =!LED1;}
        if(key2_down){    key2_down=0;  LED2 =!LED2;}
        if(key3_down){    key3_down=0;  LED3 =!LED3;}
        if(key4_down){    key4_down=0;  LED4 =!LED4;}
        delay_ms(5);                                //延时约5毫秒
    }
}
```

对于矩阵按键,则需要按行或按列扫描。按行扫描时,被扫描的行引脚输出低电平,其余行引脚输出高电平。若该行上有键被按下,则其对应的列引脚会读取到低电平,否则读取到高电平。因此可以通过从列引脚读取的值判断每行按键的状态。详细编码请读者查阅相关资料后自行完成。

5.6 数码管

5.6.1 数码管显示基本原理

每位数码管的实质就是一组具有特殊形状且经过特别排列的发光二极管,数码管的原理及二极管的布置如图5.21所示。按照发光二极管共用V_{CC}端还是共用GND端,可将数码管分为图5.21(a)所示的共阳极数码管和图5.21(b)所示的共阴极数码管。图5.21(c)中的com端为公共端,共阳极数码管为V_{CC},共阴极数码管为GND。在应用中,数码管的控制引脚都需要在串接限流电阻后与单片机I/O引脚相连。

对于共阳极数码管,当控制引脚为低电平时,对应的发光二极管发光,反之发光二极管不发光;同理,对于共阴极数码管,当控制引脚为高电平时,对应的发光二极管发光,反之发光二极管不发光。因此可以得出共阴极数码管和共阳极数码管在显示各数字时引脚对应的十六进制值,如表 5.2 所示。

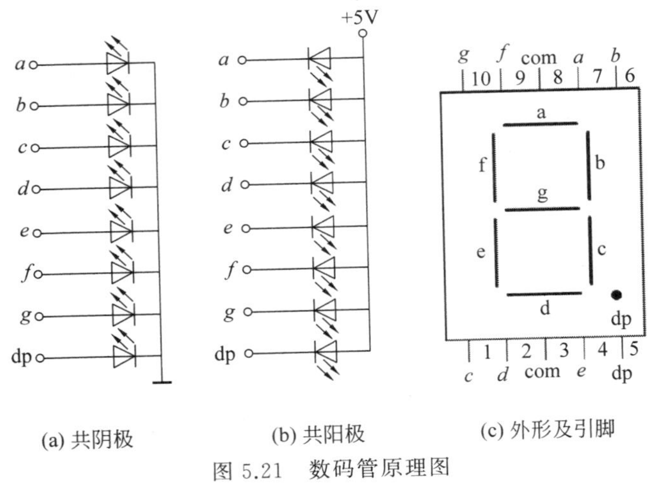

图 5.21 数码管原理图

表 5.2 数码管编码表

显示字符	共阳极编码	共阴极编码	显示字符	共阳极编码	共阴极编码
0	0xC0	0x3F	8	0x80	0x7F
1	0xF9	0x06	9	0x90	0x6F
2	0xA4	0x5B	A	0x88	0x77
3	0xB0	0x4F	b	0x83	0x7C
4	0x99	0x66	C	0xC6	0x39
5	0x92	0x6D	d	0xA1	0x5E
6	0x82	0x7D	E	0x86	0x79
7	0xF8	0x07	F	0x8E	0x71

当数码管控制引脚与单片机 I/O 接口的 Px.0~Px.7 对应连接时,就可以直接向 I/O 接口写入编码值,使数码管显示对应字符。例如在应用中将共阳极数码管的引脚 a~g、dp 对应连接 P0.0~P0.7,则执行语句"P0=0xF9;",数码管显示字符 1。为方便显示时查询每个字符对应的字形编码,可根据数码管的极性按顺序将编码放入数组,代码如下。

```
code unsigned char fontTable[17]=
    {0xC0, 0xF9, 0xA4, 0xB0, 0x99, 0x92, 0x82, 0xF8,          //0~7
    0x80,0x90, 0x88, 0x83, 0xC6, 0xA1, 0x86, 0x8E, 0xFF};     //8~F
```

当需要显示数字 n 时,只需执行语句"P0= fontTable[n]"即可。

5.6.2 多位数码管显示编码

在只有1位数码管的场合，通过上述方法即可实现数码管的显示控制。而常见的数码管应用场合是多位数码管显示，其驱动模块电路类似图5.22。

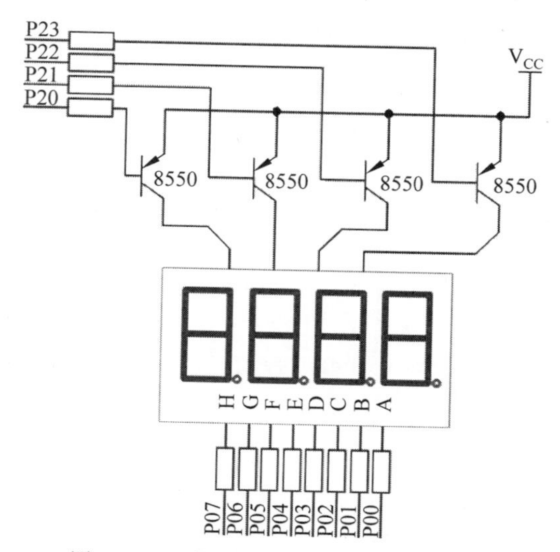

图5.22 4位共阳极数码管驱动电路图

图5.22为4位共阳极数码管驱动电路图。4位数码管的各控制引脚并接在一起，即4个数码管的a引脚并接在一起，由A引出；其他控制引脚以此类推，分别为B、C、D、E、F、G；4个数码管的dp引脚并接H。数码管的公共端分别连接一个PNP型三极管后接到V_{CC}。三极管的基极连接I/O口引脚，通过控制I/O引脚电平的高低可以控制每位数码管COM端与V_{CC}的连接。当数码管对应的电源控制I/O为低电平时，三极管导通，数码管被点亮；反之数码管不显示。

多位数码管显示控制的基本原理为：按一定顺序分别点亮各数码管，在点亮数码管期间从A～H端送入需要显示的字形编码；按照此方式快速在各个数码管之间切换，当达到每秒每个数码管被点亮的次数均超过24次时，人眼观察的感觉就是每个数码管都被同时点亮，且显示不同的内容。

为方便在多位数码管显示时放置每位数码管的字形码，可以预先将每位数码管的字形编码放置在一个数组中，实现快速切换的代码可以直接从数组中获取每位数码管要显示的字形码，在需要改变数码管显示内容的地方修改数组中的字形编码即可。这里将该数组称为数码管显示缓存（显存）。针对图5.19所示的驱动电路图，其显示代码如下。

```
#define FONT P0                    //字形控制口
sbit TBUE0=P2^0;                   //P2.0对应第0个数码管(从左至右)
sbit TBUE1=P2^1;                   //P2.1对应第1个数码管
```

```
sbit TBUE2=P2^2;            //P2.2 对应第 2 个数码管
sbit TBUE3=P2^3;            //P2.3 对应第 3 个数码管
unsigned char tubeBuffer[4]={0x90, 0xC0, 0xC0, 0xA1};          //用 900d 模拟 good
/* 按 0~3 的顺序点亮数码管,每调用一次点亮一位数码管 */
void tubeScan(){
    static char i=0;
    /* 关闭之前点亮的数码管;向字形控制口放置需显示的字形编码;点亮第 i 位数码管 */
    switch(i){
        case 0:
            TBUE3 =1;     FONT=tubeBuffer[0];     TBUE0 =0; break;
        case 1:
            TBUE0 =1;     FONT=tubeBuffer[1];     TBUE1 =0;     break;
        case 2:
            TBUE1 =1;     FONT=tubeBuffer[2];     TBUE2 =0;     break;
        default:
            TBUE2 =1;     FONT=tubeBuffer[3];     TBUE3 =0;
    }
    i++;
    i %=4;
}
```

代码中的函数 tubeScan()每调用一次便点亮一位数码管,只要在主循环中定期调用该函数即可。由于该函数需调用 4 次才能把 4 位数码管依次点亮一遍,若要求每秒的刷新次数不少于 24 次,则必须保证该函数每秒至少调用 24×4=96 次,相当于至少每 10ms 调用一次,因此可得到利用该函数驱动数码管显示的代码如下(工程目录为 sampleTube)。

```
int main(){
    while(1){
        tubeScan();          //调用数码管扫描函数
        delay_ms(5);         //延时 5ms
    }
}
```

由于预先在 tubeBuffer 中放置了 good 对应的字形编码,因此实验效果为 4 位数码管显示 good 字样。如果需要让数码管显示指定内容,则只需在修改显示内容时直接将对应的字形编码放入显存数组 tubeBuffer 即可。

因此,在需要数码管显示的系统中,只要能保证定期调用 tubeScan 函数即可保证数码管的显示;在需要改变显示内容时,修改显存 tubeBuffer 即可,这能极大地降低数码管显示程序的复杂性。

为了提高代码的可重用性,可以将数码管显示相关代码放入专门的源文件 tube.c 中,主要内容除了包括数码管显示相关 I/O 口的定义、显示缓冲区 tubeBuffer 以及数码管扫描函数 tubeScan 外,需要再增加以下内容,以完成显示缓冲区的修改。

```
code unsigned char fontTable[17]={
    0xC0, 0xF9, 0xA4, 0xB0, 0x99, 0x92, 0x82, 0xF8,        //0~7
    0x80,0x90, 0x88, 0x83, 0xC6, 0xA1, 0x86, 0x8E, 0xFF}; //8~F,MASK
/* 在第 n 位数码管填充数字 number 的字形编码
    0<=number<=16, number 为 16 时该位数码管不显示
*/
void fillTubeBuffer(char number,  char n){
    tubeBuffer[n] =fontTable[ number ];
}
/* 在第 n 位数码管显示小数点 */
void tubeDot(char n){
    tubeBuffer[n] &=0x7F;
}
```

同时，建立与之对应的头文件 tube.h 以申明函数和数据，其内容如下。

```
#ifndef __TUBE_H__
#define __TUBE_H__
#include <reg52.h>
void tubeScan(void);
void fillTubeBuffer(char number,  char n);
void tubeDot(char n);
#endif
```

有了这两个文件后，在需要数码管显示的工程中加入 tube.c 并在使用数码管相关函数的文件起始处包含 tube.h，同时注意定期调用数码管扫描函数 tubeScan 即可。

示例工程 tube 可以实现数码管显示内容从 0～9999 不停计数的效果，其主函数及相关函数内容如下。

```
#include "tube.h"
/* 将 16 位 n 的个、十、百、千位字形编码放入显示缓冲，高位为 0 时不显示 */
void tubeFillShort2Buffer(short n){
    char i=2;
    n %=10000;                                   //确保数据范围为 0~9999
    fillTubeBuffer(n%10,3);                      //3 号数码管填个位编码
    n /=10;
    while(n>0){
        fillTubeBuffer(n%10,i--);
        n /=10;
    }
    /* 高位为 0,不显示，即填入掩码 */
    while(i>=0){
        fillTubeBuffer(16,i--);
    }
}
```

```
int main(){
    short count =0;
    unsigned char i;
    tubeFillShort2Buffer(count);
    while(1){
        tubeScan();                          //调用数码管扫描函数
        delay_ms(5);                         //延时 5ms
        i++;
        if(i ==200){                         //每 200×5ms=1s 累加一次
            i =0;
            count++;
            count %=10000;
            tubeFillShort2Buffer( count );
        }
    }
}
```

本章小结

本章从51单片机I/O接口的内部逻辑电路出发,探讨了各I/O接口的特性和使用时的注意事项,需要注意的是P0口和其他I/O接口的不同之处。同时,本章以有源蜂鸣器、LED灯、按键以及数码管为例,展示了51单片机I/O接口作为输入或输出时的使用方法。通过本章的学习,读者应掌握51单片机各I/O接口和有源蜂鸣器、LED灯、按键以及数码管的相关知识。

练习

5.1 浅谈51单片机的P0口和其他I/O接口在使用时有什么区别。

5.2 修改示例工程key中的代码,实现如下效果。

(a) 点按key1,点亮一个LED灯;再次按下,再点亮一个,以此类推,直到8个LED灯全部点亮;再次点按key1使全部LED灯熄灭。

(b) 点按key2,熄灭一个LED灯;再次按下,再熄灭一个,以此类推,直到8个LED灯全部熄灭;再次点按key2使LED灯全部点亮。

提示:考虑使用变量的左右移实现。

5.3 修改示例工程tube,实现效果:按顺序显示2~10000内的所有素数,每个数的停留显示时间为5秒。

第 6 章　51 单片机中的多任务编程

6.1　操作系统与多任务

在 PC 运行程序时，人们一般都会预先安装操作系统。如 Windows 系列或 Linux 系列操作系统。操作系统除了为人们提供人性化的人机交互接口/界面外，其另一个非常重要的功能就是为程序员提供多任务的执行环境。尽管程序员知道自己针对 PC 编写的程序在运行时可能还有无数其他任务[①]在同时执行，但程序员无须关心自己编写的程序如何与其他程序分享处理机，即交替执行的问题，这就是操作系统提供的多任务执行环境的好处。

但是，操作系统在为人们带来便利的同时，也占据(消耗)着大量的硬件资源(处理机资源、内存资源)。通过前面章节的学习可以知道，51 单片机中的内存资源为 B(字节)级别，处理机速度为 MHz 级别，因此在 51 单片机中布设操作系统非常困难，而且也没有必要。

虽然没有操作系统的支撑，但在系统的实现过程中，采用任务的概念还是很有必要的，因为在应用中往往不止一个事务，而是有多个事务需要在某一段时间内同时处理。只有使用了任务的概念，才能使系统的实现条理清楚，利于调试和维护。如果没有操作系统的支持，多任务协调执行就需要程序员自行处理。

一个任务可能的状态包括就绪态、执行态和阻塞态。在一些大型系统中，考虑到多任务执行时资源的短缺问题，应再引入挂起态。在 51 系统中，一般不考虑任务的挂起问题，因为 51 系统中的任务数不可能太多，同时任务的挂起也需要占用额外的资源。

由于"进程"需要额外的存储空间存放相关的状态数据，而 51 系统中的内存资源非常短缺，因此一般也不考虑将任务包装成"进程"。当基于 51 系统的应用需要实现多个任务的并发执行时，可仿照操作系统实现多任务的理念，将真实的任务转换成无须占用太多资源的轻型任务。

6.2　多任务实现方式

多任务的实现方式主要包括：批处理系统的多任务方式、分时系统的多任务方式和循环轮询多任务方式。

在批处理系统中，多任务的实现方式是按一定顺序将多个任务逐一完成。为避免因某个任务的阻塞导致整个计算机系统被阻塞的情况发生，批处理系统还将任务包装成"进

---

① 此处的任务指执行中的程序，可以将其与进程或线程联系，但又有所区别。可以认为，一个任务就是针对某几个硬件为完成某一特定目的而执行的一系列指令。

程”,以便因阻塞而暂停的任务在解除阻塞后还能投入运行。进程的包装会引起额外的资源开销,同时,批处理系统在系统实时性方面表现得也不够好。

在分时系统中,采用时间片结束时切换任务的方式可以实现多任务的并发执行。如果时间片大小合适,再配合适当的任务优先级,则可以较好地保证系统的实时性。但是在分时系统中,任务的切换和进程的包装都需要占用大量的系统资源,这在处理速度有限、内存容量很小的51单片机中是不允许的,因此在51单片机系统中一般不考虑使用分时方式实现多任务。

在资源短缺的51单片机系统中,循环轮询的轻型多任务思想是一个不错的选择,该实现方法有如下优点:几乎不占用额外资源,能有效降低系统实现的复杂性,编程思路清晰,方便调试,能在一定范围内满足应用的实时性。因此在工程应用中,针对51单片机及类似资源有限的硬件系统,经常采用循环轮询方式实现多任务。

6.3 循环轮询多任务的设计

实时任务根据其执行的周期性可分为**周期性实时任务**和**非周期性实时任务**。周期性实时任务的执行是按一定时间间隔(周期)反复执行的任务,如电子钟系统每秒更新一次系统时间的任务;非周期性实时任务一般指在系统运行过程中当出现某一需要特别处理的事件(条件)时才需要执行的任务,如用户按键响应任务。

在循环轮询的实现方式中,认为每个任务的执行都有一定的前提条件。常见的执行条件有:时间点到(周期性实时任务)和某一特殊事件发生(非周期性实时任务)。

在设计循环轮询多任务系统时,只需将系统编写成一个永不结束的循环,为方便讨论,称这个永远不会结束的循环为**主循环**。在主循环中按一定顺序查询各任务的执行条件,一旦某个任务的执行条件满足则立即执行。一个简单的循环轮询系统的程序流程如图6.1所示。需要说明的是,图6.1中主循环的结束条件是永远达不到的,一般为while(1){}的形式。

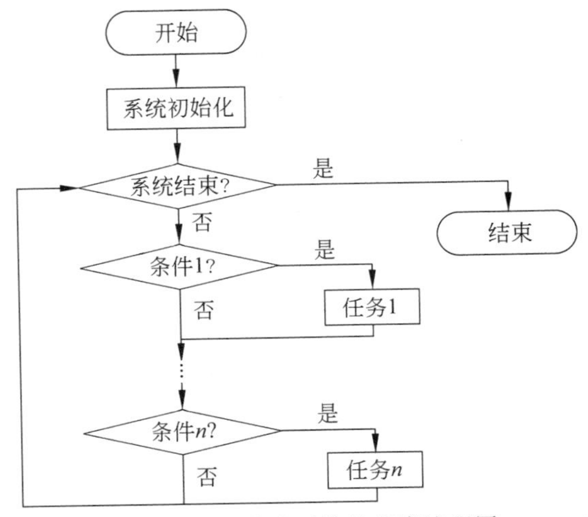

图6.1 循环轮询系统的程序流程图

循环轮询多任务实现方式的代码如下。

```
int main()//
{
    ...
    while(1){                         //系统主循环
        ......                        //定时产生周期性任务的执行条件
        if(condition_t0==1){          //当任务 0 的执行条件为真
            condition_t0=0;           //复位执行条件,防止产生一次条件执行多次任务
            Task0();                  //执行任务 0
        }
        if(condition_t1==1){
            condition_t1=0;
            Task1();
        }
        ...
        if(condition_tn==1){
            condition_tn=0;
            Taskn();
        }
    }
}
```

从流程图和代码中可以发现：循环轮询中查询的顺序与任务的优先级有一定关系，通过改变查询顺序可以改变任务之间的优先级。

任务的执行条件的产生可能有以下 3 个途径。

(1) 在专门产生触发任务执行条件的任务中产生。

该方式产生的条件主要针对那些需要周期性执行的周期性实时任务。在基于时钟中断的循环轮询系统中,该工作由定时执行的中断服务程序完成。

(2) 在一般任务的执行过程中产生。

该方式主要针对非周期性实时任务,即在某一任务的执行期间触发了另一任务的执行条件。通常也称这种一个任务触发另一任务执行的关系为前驱-后继关系。需要注意的是,对于具有前驱-后继关系的任务,不能通过简单地改变查询顺序改变任务的优先级。

(3) 在中断服务程序执行期间产生。

该方式主要针对处理中断后序工作的任务。在嵌入式系统中,不提倡在中断服务程序中处理太多事务,因为这会降低系统的实时性,所以经常会在中断服务程序中完成必要的操作后置位[①]一些任务执行条件(又称触发条件),后续工作由处于主循环中的任务完成。除了定时中断定期触发的周期性实时任务外,其他中断触发的一般都是非周期性实时任务。

在循环轮询系统中,任务的前驱-后继关系和任务的优先级都是非常重要的,二者直

① 在嵌入式编程中,将某个位的值设置为 1 称为置位操作,将某个位的值设置为 0 称为复位。

接影响系统的实时性和用户体验。因此，在决定主循环中各任务的查询先后顺序时，需根据实际情况慎重安排。

6.4 循环轮询系统多任务的实现

循环轮询系统中的任务都是通过查询执行条件执行的，因此，任务执行条件的产生就成为循环轮询系统设计中非常关键的一环。只有每个任务的执行条件都按要求实时产生，同时配以恰当的查询顺序才能保证系统的实时性。

由 6.3 节可知，非周期性实时任务的执行条件都是由其他任务或中断服务程序产生的，即非周期性实时任务的执行条件的发生源包括周期性实时任务、中断服务程序和其他非周期性实时任务。可以认为，非周期性实时任务最终都是由周期性实时任务和中断服务程序驱动的。

因此在设计循环轮询系统时，首先需要设计系统中的各中断服务程序，使其在恰当的时候产生相应任务的触发条件；其次保证各周期性实时任务的触发条件能及时产生。

中断服务程序驱动非周期性实时任务的情况相对比较简单，在中断服务程序中判断其需触发的程序的先决条件是否达到要求，一旦满足要求就置位其触发条件即可。

周期性实时任务的触发条件的产生方式有两种：硬触发和软触发。硬触发需要在掌握时钟中断相关知识后才能完成，该内容留待后续章节讨论。

软触发指通过软件延时实现周期性实时任务的触发。该方式的实现思路简单，但触发周期不够准确，只能实现比较初级的周期定时，在一些小型、对实时性要求不高的应用中经常采用。软触发代码如下所示。

```
bit condition_t0 =0, condition_t1 =0,..., condition_tn =0;   //任务触发条件
int main()
{
  uint8 count=0;
  …                                                       //系统初始化等相关操作
  while(1){                                               //系统主循环
    //周期性/非周期性实时任务
    if(condition_t0==1){condition_t0=0;    Task0();}      //实时任务 0
    …
    if(condition_tn==1){condition_tn=0;    Taskn();}      //实时任务 n
    delay();                                              //延时 Δt
    count++;
    count %=MINCM;
    condition_t0 =( count %M0 ==T0);
    …
    condition_tn =( count %Mn ==Tn) ;
  }
}
```

代码中，delay()函数后的若干行用于实现各周期性实时任务的执行条件的定时置

位，其中的预定义值计算方式如下。

若系统内有 $n+1$ 个周期性实时任务 $t_0, t_1, \cdots, t_n$，它们的执行周期分别为 $c_0, c_1, \cdots, c_n$，Δt 即 $c_0, c_1, \cdots, c_n$ 的最大公约数，$M_0, M_1, \cdots, M_n$ 是每个任务的执行周期与 Δt 的倍数关系值，MIMCM 为 $M_0, M_1, \cdots, M_n$ 的最小公倍数。通过改变任务 x 的 T_x 值可以实现任务周期的开始点的选择，以此避开多个任务在某一时间点同时执行的情况，但是 T_x 必须小于 M_x。

假设系统中有5个周期性实时任务，它们的执行周期分别为 $c_0=2\text{ms}$、$c_1=5\text{ms}$、$c_2=10\text{ms}$、$c_3=100\text{ms}$、$c_4=500\text{ms}$，则可选择 Δt 为1ms。因此 $M_0=2, M_1=5, M_2=10, M_3=100, M_4=500$，MIMCM=500。为尽量避免多个任务在同一时间点需要执行，可设置 $T_0=0, T_1=3, T_2=7, T_3=19, T_4=37$。当然，系统内周期性实时任务的数量越多，$T$ 值的设置越难做到将所有任务都避开同时执行，只是尽量避免多个任务同时执行即可。如果将所有任务的 T 值均设为0，那么在某一时刻，可能所有任务都需要同时执行。

软触发在触发周期性实时任务时只考虑函数 delay()的延时，而忽略各任务的执行时长。该方式实现简单，但是任务执行周期的准确性依赖于延时 Δt 的函数 delay()，同时还受各任务执行时间长度的影响。因此，软件触发方式不适用于对任务执行时间点要求严格的情况。若需使任务周期更准确，则需借助于硬件延时和中断相关手段。

6.5 循环轮询系统中任务的阻塞问题

为了保证系统的实时性，在循环轮询系统中，各任务的执行是不允许出现“阻塞”的，特别是一些长延时阻塞或需要在其他任务或中断程序中产生激活条件的阻塞。一旦循环轮询系统的任务中出现阻塞，轻则降低系统的实时性，严重时可能会导致系统无法正常运行。因此在设计循环轮询系统时，要避免任务中出现长延时或无限制地等待某一事件的情况发生。通常，当某个任务中所有的延时累加超过系统中周期性实时任务最小周期的1/2时就不能接受。

在理想的循环轮询系统中，任务都是不停顿地执行直到结束的，即每个任务都是当条件满足时就得以顺利执行，直至执行结束。因此可以认为，循环轮询系统中的任务是不允许出现阻塞态的，要么整个任务还未开始执行，等待执行条件；要么就顺利地“一口气”执行结束。

因此，在设计循序轮询多任务时遵循的规则为：不能将一些需要等待某一事件发生或等待某一事件发生的过程设计在任务内；每个任务都应该是“一帆风顺”地执行的；而且每个任务不应占用处理器过多时间。

然而，实际应用中的真实任务往往并非都是“一帆风顺”的，可能存在需要延时或等待某一条件的产生才能继续执行的情况，即一般意义的任务往往是很难避免“阻塞”发生的。因此在设计循环轮询任务时，不能再按照原始的真实任务设计，而应将包含阻塞过程的任务分成多个不包含阻塞的任务，具体分解方法如图6.2所示。

当分解成多个任务后，如何保证各子任务按序且满足阻塞要求执行就成为主要问题。此时，需要根据原始任务的周期性以及阻塞类型进行考虑。

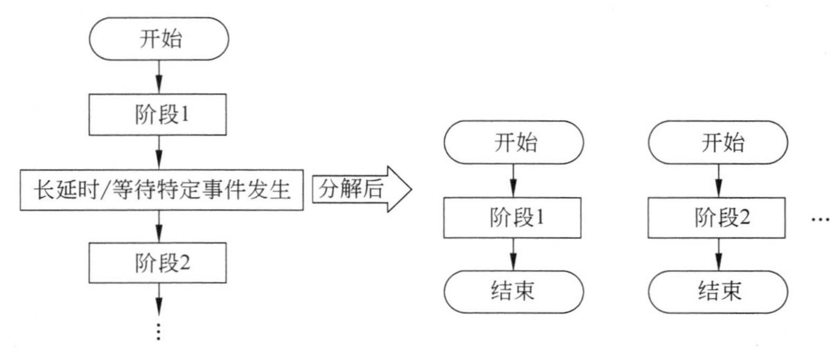

图 6.2　具有阻塞情况的任务分解示意图

6.5.1　非周期性实时任务中的阻塞

非周期性实时任务自身的执行是靠某一事件触发的，非周期性实时任务中的阻塞可以不考虑延时阻塞还是事件阻塞，其处理方式是一致的。

由于阻塞后的子任务都是在解除阻塞的条件产生后才能执行，解除阻塞的条件一般是在其他任务或中断中捕捉的，因此可以在捕获解除阻塞的事件时置位后续任务的执行条件。由于后续任务以此执行条件为执行依据，所以就满足了未分解前任务中的阻塞要求。

按键触发的蜂鸣器鸣叫任务就是一个典型的需要分解的非周期性实时任务。假设在某应用中，当某事件（如用户点按按键）发生时需要让蜂鸣器鸣叫 100ms，即听到"嘟"声效果。如果把蜂鸣器控制设计成一个任务，即打开蜂鸣器后延时 100ms，然后关闭蜂鸣器结束任务，那么在这 100ms 的延时期间，处理机始终停留在蜂鸣器任务中[①]，其他任务，特别是一些周期小于 100ms 的周期性实时任务将无法执行，这将严重影响整个系统的实时性。

可以将该任务分解为以下两个任务。

任务一：打开蜂鸣器，置位蜂鸣器计时任务的执行条件。

任务二：若蜂鸣器打开，则对蜂鸣器打开时长进行计时，当计时值满后关闭蜂鸣器。

其中，任务一可以加入蜂鸣器鸣叫条件的产生处，即鸣叫条件一旦产生，则打开蜂鸣器，置位蜂鸣器计时条件，其代码如下所示。

```
int main()
{
    …
    while(1){
        …
        if(key1_down==1){                              //当 key1 按下
```

① 因为循环轮询系统没有任务切换机制，任务没有结束前的延时都属于任务的一部分，该期间处理器无法执行其他任务，故可以认为在任务的延时期间，处理机被停留在任务中。

```
            key1_down=0;                                    //复位执行条件
            beepOn();                                       //打开蜂鸣器
            beepCount=BEEPLENGTH;                           //置位关蜂鸣器倒计时值
        }
        if(beepCount!=0){                                   //蜂鸣器计时值非零
            beepCount--;                                    //蜂鸣器倒计时
            if(beepCount ==0){                              //倒计时结束
            beepOff();                                      //关闭蜂鸣器
        }
        …
    }
}
```

代码中的变量 beepCount 兼具了计数值和计数条件的作用，当不需要计数时，beepCount 值为 0，当需要计数时，beepCount 值为非 0，此时 beepCount 中的值为计数时长相关数据。代码中的常量 BEEPLENGTH 与系统主循环的循环周期和蜂鸣器打开时长有关。

综上所述，当非周期性实时任务中出现因等待事件的阻塞时，可以将阻塞后的任务设计成另一个非周期性实时任务，当等待的事件发生时触发该后续任务执行；当非周期性实时任务中出现长延时的情况时，将延时及后期任务设计成一个"计时任务"，前驱任务触发计时，待计时满后处理后续事务。

6.5.2 周期性实时任务中的阻塞

在处理周期性实时任务中的阻塞时，需根据阻塞原因进行处理。若阻塞原因为等待事件发生，则后续任务的处理方法与非周期性实时任务的阻塞处理方法一致；若阻塞原因为长延时，那么可以认为阻塞后的任务也是周期性实时任务，其执行周期与分解前的任务执行周期一致，只是触发的先后顺序不同。

若某任务的执行周期为 1000ms，其中有 3 次长延时，分别为 50ms、20ms 和 100ms，则按照图 6.2 的分解方式将原始任务分解为任务 0、任务 1、任务 2 和任务 3。若通过某种方式控制主循环每 5ms 循环一次，则根据 6.3 节所讲述的 M 值和 T 值的计算，这些任务的 M 值都为 200，即周期都是 $200\times\Delta t=1000$ms。为实现各任务按预先设计的时间间隔先后执行，可将它们的 T 值设置如下。T_0 为任意较小的数，小于 200－34 以确保 T_3 小于 200；$T_1=T_0+10$；$T_2=T_1+4$；$T_3=T_2+20$。这样即可实现任务 0 开始执行 50ms 后执行任务 1；任务 1 开始执行 20ms 后执行任务 2；任务 2 开始执行 100ms 后执行任务 3。在此假设每个任务的执行时间都是微秒(μs)级别的，因此任务执行时间与延时时间比可以忽略不计。

综上所述，当周期性实时任务中出现等待事件阻塞时，其解决方案和非周期性实时任务中的阻塞解决方案一致；当周期性实时任务中出现长延时阻塞时，可以将任务分解为多个周期与原任务周期一致的若干子周期性实时任务。通过设置这些子任务的 T 值选择不同的触发时间点解决各子任务之间产生固定时长延时的问题，该解决方案在后期使用温度转换芯片时非常实用。

6.6 多任务编程实战——按键响应及数码管显示

本示例将实现的系统基本功能如下：

(1) 一开始，数码管显示数字0；

(2) 点按按键 key1 时，数码管显示值加1；

(3) 点按按键 key2 时，数码管显示值加2；

(4) 点按按键 key3 时，数码管显示值减1；

(5) 点按按键 key4 时，数码管显示值减2；

(6) 点按每个按键时，蜂鸣器发出"嘟"声，数码管显示的值始终在0～9999循环。

经过第5章的分析，为了及时捕捉按键操作，必须定期查看每个按键的状态，称为按键扫描。4位数码管独立显示时，同样需要定期切换点亮的数码管，称为数码管扫描。一般按键的扫描周期为2～10ms即可，本示例中为2ms，4位数码管的扫描周期也可以确定为5ms。

每个按键的响应都由一个非实时任务完成。由于在按键响应的同时还需要驱动有源蜂鸣器发出"嘟"声，若"嘟"声持续时间为100ms，则还需要一个为蜂鸣器时长计时的任务，当计时结束时关闭蜂鸣器。

因此，本示例包含的任务有以下8个。

task0：按键扫描任务，执行周期 $C_0=2\text{ms}$。

task1：数码管扫描任务，执行周期 $C_1=5\text{ms}$。

task2～task5：针对 key1～key4 的按键响应任务，执行条件为对应的键按下。

task7：蜂鸣器倒计时任务，执行条件为蜂鸣器倒计时值为非0。

因此，本示例的流程图如图6.3所示。

本示例使用的分列电路图如图6.4所示。

电路图将4个按键分别连接到了P37、P36、P35、P34；有源蜂鸣器通过P14控制；P00～P03分别控制4个数码管的电源，P20～P27分别连接共阳极数码管的A～H引脚。如果采用最小系统＋功能模块方式学习，则在连接电路时请参照图6.3连接；如果学习板已带有上述硬件，只是连接的引脚不同，则需要修改源代码中定义引脚的内容。

根据上述分析，系统中2个周期性实时任务的执行周期为 $C_0=2\text{ms}$，$C_1=5\text{ms}$。因此可设定 Δt 为1ms。$M_0=2$，$M_1=5$，最小公倍数 MIMCM=10。

根据分析设计，可得包含 main 函数的 C 文件 main.c 代码如下（详见示例工程 keyAndTube）。

```c
#include <reg52.h>
#include "typeDefine.h"                    //数据类型相关头文件
#include "key.h"                           //按键相关头文件
#include "tube.h"                          //数码管相关头文件
```

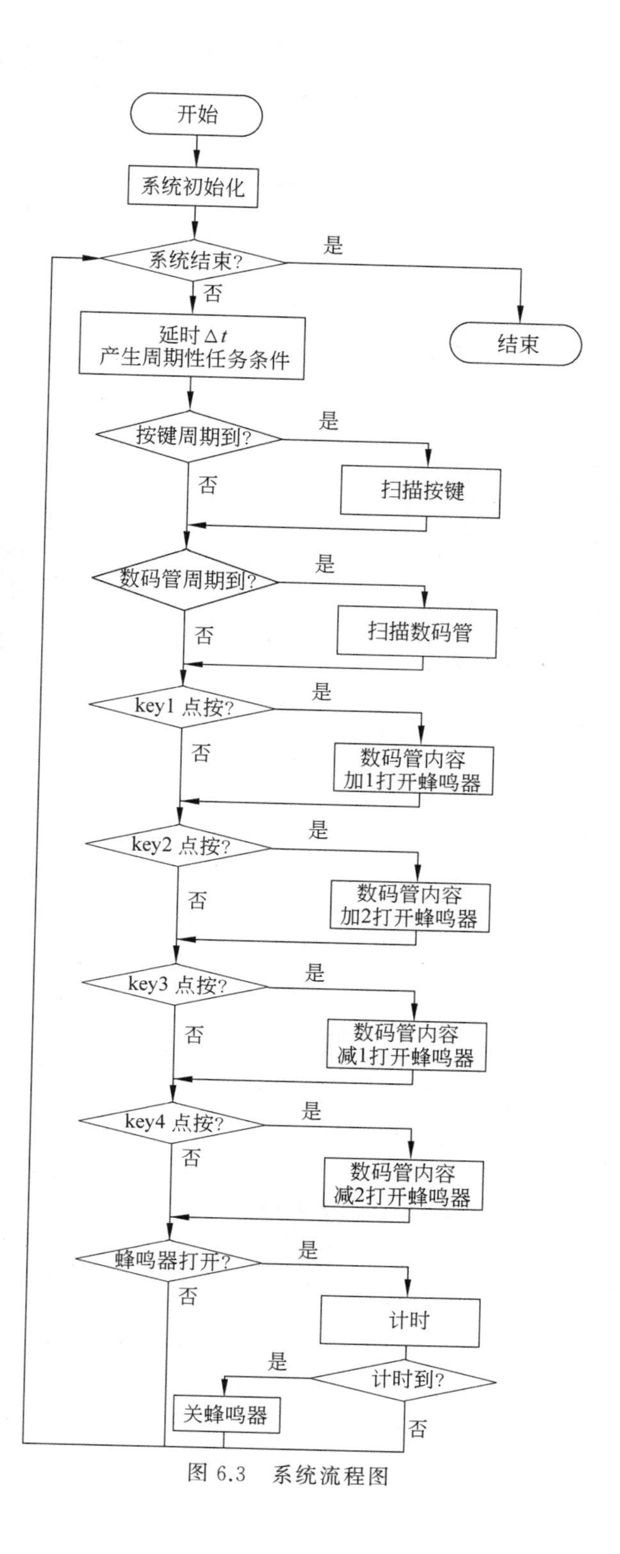
开始
系统初始化
系统结束?
是
否
结束
延时Δt
产生周期性任务条件
按键周期到?
是
否
扫描按键
数码管周期到?
是
否
扫描数码管
key1 点按?
是
否
数码管内容
加1打开蜂鸣器
key2 点按?
是
否
数码管内容
加2打开蜂鸣器
key3 点按?
是
否
数码管内容
减1打开蜂鸣器
key4 点按?
是
否
数码管内容
减2打开蜂鸣器
蜂鸣器打开?
是
否
计时
计时到?
是
否
关蜂鸣器

图 6.3　系统流程图

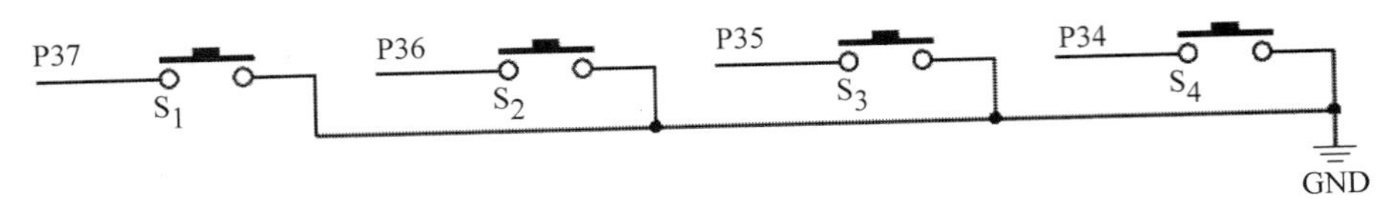

(a) 按键电路

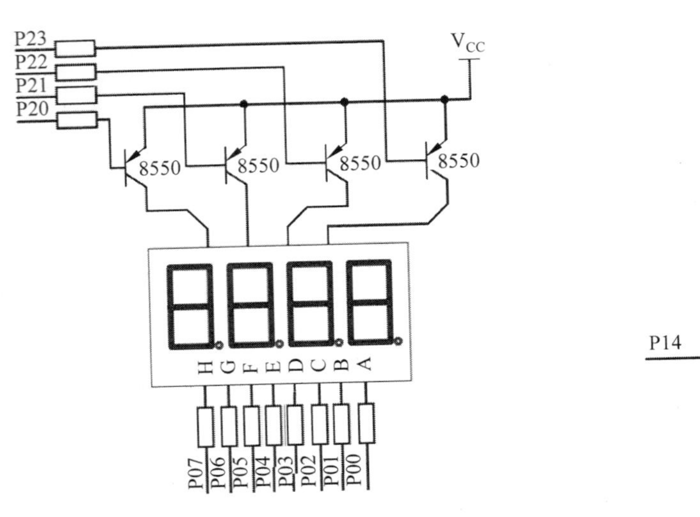

(b) 数码管电路

(c) 蜂鸣器电路

图 6.4　系统分列电路图

```
/*******多任务相关宏定义****************/
#define M0          2          //key 的扫描周期为 2ms=2×Δt
#define T0          1          //小于 M0 的数
#define M1          5          //tube 的扫描周期为 5ms=5×Δt
#define T1          4          //小于 M1 的数
#define MINCM       10         //2,5 的公倍数
/***********蜂鸣器相关宏定义************/
sbit BEEP =P1^ 4;                               //有源蜂鸣器控制引脚
#define beepOn()  BEEP =0                       //打开蜂鸣器
#define beepOff()  BEEP =1                      //关闭蜂鸣器
#define BEEPLENGTH  100                         //蜂鸣器倒计时时长为 100×1ms
/**************全局变量定义**************/
bit condition_key=0,condition_tube =0;          //周期性任务的执行条件
uint16 num=0;                                   //数码管显示的正整数
uint8 beepCount=0;                              //为蜂鸣器计时的计数器,非零时需要
                                                //计数;为零时停止计数

/***********延时 Δt=1ms 函数*****************/
void delay(){                                   //Δt=1ms 延时
    int i;
    for(i =-60; i <60; i++);
}
```

```
/*将16位整型数n的个、十、百、千位字形编码放入显示缓冲,高位为0时不显示*/
void tubeFillShort2Buffer(short n){
    char i=2;
    n %=10000;                          //确保数据范围为0~9999
    fillTubeBuffer(n%10,3);             //3号数码管填个位编码
    n /=10;
    while(n>0){
        fillTubeBuffer(n%10,i--);
        n /=10;
    }
    /*高位为0,不显示*/
    while(i>=0){
        fillTubeBuffer(16,i--);
    }
}
/**********     按键响应函数,key=1~4为按键顺序号***********/
void task_key(uint8 key){
    switch(key){
        case 1: num +=1;        break;      //当按键为key1时
        case 2: num +=2;        break;      //当按键为key2时
        case 3: num +=9999;     break;      //当按键为key3时,加9999后对10000取
                                            //余,达到减1的目的
        default:num +=9998;                 //当按键为key4时,加9998后对10000取
                                            //余,达到减2的目的
    }
    num %=10000;
    tubeFillShort2Buffer(num);          //根据num新值填充数码管,显示缓冲数组
    beepOn();                           //打开蜂鸣器
    beepCount =BEEPLENGTH;              //启动蜂鸣器倒计时
}
int main(){
    uint8 count=0;                      //记录循环次数以产生周期性实时任务执行条件的计数器
    tubeFillShort2Buffer(num); //根据num值填充数码管,显示缓冲数组
    while(1){
        if(condition_key){condition_key =0;    keyScan();}     //按键扫描任务
        if(condition_tube){condition_tube =0;    tubeScan();} //数码管扫描任务

        if(key1_down){key1_down =0;    task_key(1);}           //响应按键1
        if(key2_down){key2_down =0;    task_key(2);}           //响应按键2
        if(key3_down){key3_down =0;    task_key(3);}           //响应按键3
        if(key4_down){key4_down =0;    task_key(4);}           //响应按键4

        if(beepCount){                               //当蜂鸣器打开需要计时
            beepCount--;                             //倒计时
```

```
            if(beepCount ==0) beepOff();              //倒计时结束,关闭蜂鸣器
        }
            delay();                                  //延时 Δt
        count++;                                      //循环次数计数
        count %=MINCM;                                //确保计数值在 0~MINCM-1
        condition_key =( count %M0 ==T0);             //产生周期为 M0×Δt 的执行条件
        condition_tube =( count %M1 ==T1);            //产生周期为 M1×Δt 的执行条件
    }
}
```

其中包含的 3 个头文件内容分别如下。

定义自定义变量类型的头文件 typeDefine.h(参见第 4 章);配置按键引脚、申明按键相关函数及外部变量的头文件 key.h(参见第 5 章);配置数码管引脚、申明数码管相关数组和函数的头文件 tube.h(参见第 5 章)。

本工程还涉及两个添加到工程中的源代码文件:按键实现文件 key.c 和数码管实现文件 tube.c。这两个文件均在第 5 章中创建,请读者参见第 5 章按键扫描和多位数码管扫描的相关内容。

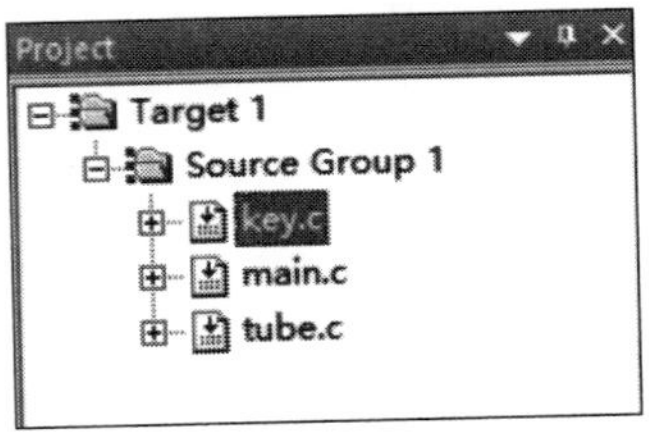

Project
Target 1
Source Group 1
key.c
main.c
tube.c

图 6.5　工程文件组织图

至此,工程中包含 3 个 C 代码文件,其文件组织图如图 6.5 所示。

由于读者使用的电路可能会与本示例不同,主要涉及蜂鸣器、数码管和按键,因此只需修改 main.c 中的蜂鸣器引脚定义和 key.h 及 tube.h 中的引脚定义部分即可。

本章小结

本章从操作系统及多任务的概念入手,分析了 51 单片机中采用循环轮询多任务实现方式的必要性;然后根据循环轮询系统中对任务的“阻塞”相关的需求,讲述了如何将包含阻塞过程的任务分解为多个适合循环轮询系统的任务,以实现多任务的并发执行;最后以“按键响应及数码管显示”为例,展示了循环轮询实现方式过程中从任务规划、各参数的确定到编码实现的整个过程。

练习

6.1　请思考在使用循环轮询多任务编程时,当遇到周期性实时任务中既有长延时阻塞又有事件阻塞时该如何处理。

6.2　假设有一个周期性实时任务需要分 4 个阶段完成:第一阶段工作结束后,延时 5ms;第二阶段工作结束后延时 20ms;第三阶段工作结束后延时 5ms,然后进入第四阶段工作。若该任务的周期为 500ms,系统延时函数的延时值 $\Delta t = 1\text{ms}$,请问该任务应如何分解以及各子任务的周期和执行起点应如何设置。

6.3 修改示例工程 keyAndTube 的代码,实现如下效果:

(a) 点按 key1,全部 LED 灯点亮,数码管显示 1;

(b) 点按 key2,全部 LED 灯熄灭,数码管显示 2;

(c) 点按 key3,全部 LED 灯点亮 1s 后熄灭,数码管显示 3;

(d) 点按 key4,全部 LED 灯点亮 0.5s 后熄灭,0.5s 后再次点亮,再过 0.5s 后熄灭,即全部 LED 灯闪两次,数码管显示 4。

第 7 章　51 中断系统

7.1　中断的概念

系统对事件的响应方式有两种：程序查询方式和中断方式。

程序在执行过程中会定期查询事件状态，当发现需要响应某事件时，就执行相关操作，这种方式称为程序查询方式。该方式的优点是程序结构简单、易于理解；其缺点是在事件发生后，必须等到程序主动查询时才能被发现，不能保证一旦事件发生便立即得到响应，即该方式在响应事件时，事件是被动接受查询的。

中断方式指当某一需要响应的事件发生时，硬件系统内有一个专门机构（中断系统）会主动向 CPU 发出中断请求信号，若条件允许，则跳转到一段专门针对该事件的程序（中断服务程序）对该事件进行处理。中断方式的优点是对事件的响应比查询方式及时，其缺点是程序结构复杂、不易理解，同时还需要专门的硬件作为支持。

中断方式的工作基本过程如下。

（1）当 CPU 正在执行程序时，单片机外部或内部发生的某一事件请求 CPU 对其进行处理。

（2）CPU 暂时中止当前的工作，转到中断服务程序，中断服务程序中的代码针对所发生的事件进行处理。

（3）CPU 处理完该事件后，再回到原来被中止的程序，继续原来的工作。

CPU 处理事件的过程称为 CPU 的中断响应过程。对事件的整个处理过程称为中断处理（或中断服务）。中断处理的基本过程如图 7.1 所示。

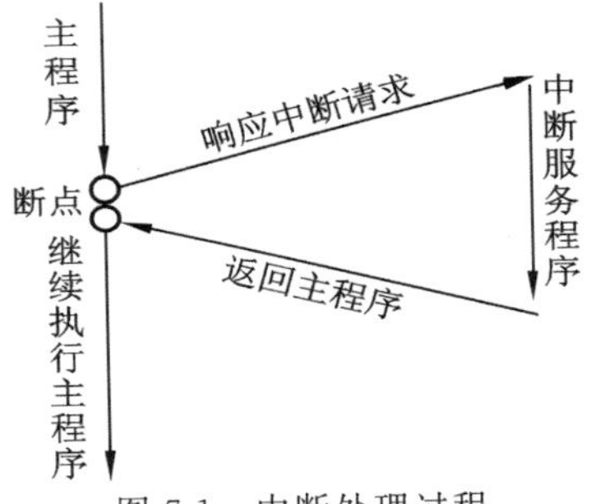

图 7.1　中断处理过程

若在中断处理期间系统又有需要响应的事件发生，且比当前正在响应的事件更紧急（优先级更高），则可以暂停当前正在执行的中断服务程序，转而执行优先级更高的中断服务程序，该情况称为中断嵌套。中断嵌套的执行过程如图 7.2 所示。

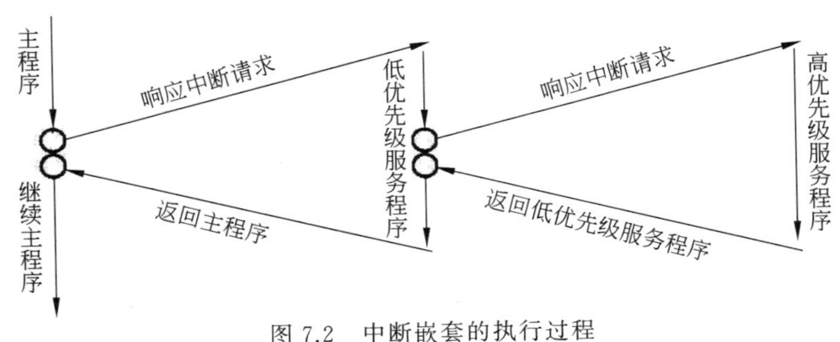

图 7.2　中断嵌套的执行过程

7.2 51单片机的中断系统

在中断系统中，中断请求的来源称为**中断源**。通常情况下，一个计算机系统的中断源有若干个，不同的中断源需要的处理操作也不同。因此，中断系统会对每个中断源进行编号，称为中断号。当发生中断时，处理机会根据不同的中断号执行不同的中断服务程序。因此可以认为，中断系统中的各中断服务程序是通过中断号对应中断源的。

51单片机有5个中断源和2个中断处理优先级[①]，因此单片机可以产生如图7.2所示的两级嵌套。51单片机的中断系统结构示意如图7.3所示。

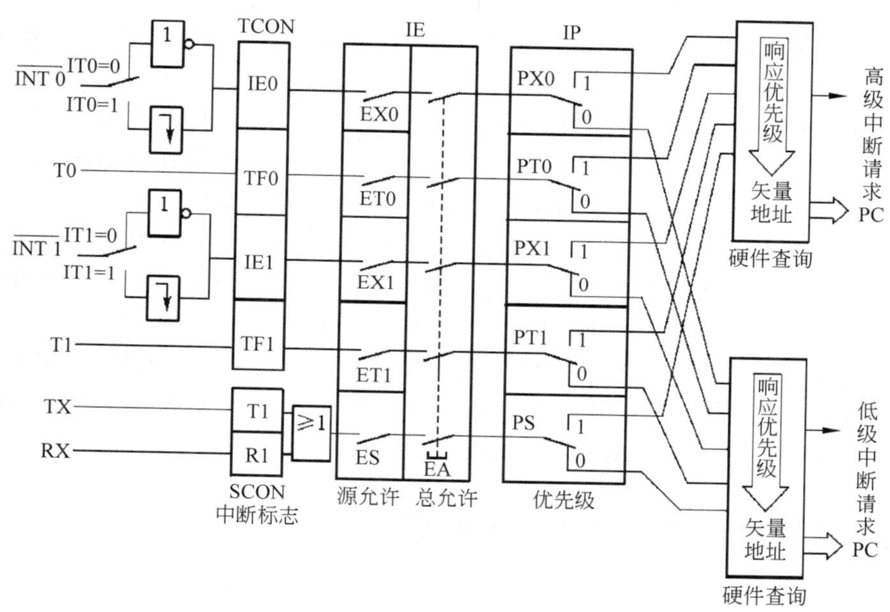

图7.3 中断系统结构

由图7.3可以看出，51单片机中的5个中断源包括：外部中断0(INT0)、时钟中断0(T0)、外部中断1(INT1)、时钟中断1(T1)和串行口中断(TX/RX)。各路中断的中断号及其响应优先级如表7.1所示。

① 中断相关优先级包括**中断响应优先级**和**中断处理优先级**。中断响应优先级决定着当多个中断请求同时达到时系统优先响应哪个中断的问题，响应优先级高的中断先得到响应。中断处理优先级决定中断服务程序在执行期间能否被其他中断请求打断的问题。高处理优先级的中断可以中断低处理优先级的中断服务程序，而低处理优先级的中断不能中断高处理优先级的中断服务程序，同级中断处理优先级不能相互中断。若系统正在执行一个低处理优先级的中断服务程序，此时一个高处理优先级的中断请求达到，则系统会暂停低处理优先级的中断服务程序，转而执行高处理优先级的中断服务程序，直到高处理优先级的中断服务程序执行结束，再返回低处理优先级的中断服务程序继续运行。

表 7.1　中断号及响应优先级

中　　断	中断号	响应优先级
外部中断 0(INT0)	0	高
时钟中断 0(T0)	1	↓
外部中断 1(INT1)	2	↓
时钟中断 1(T1)	3	↓
串行口中断	4	低

从表 7.1 中可以看到，中断号小的中断响应优先级高，当多个中断请求**同时**[①]到达时，系统先响应中断号小的中断请求。

中断系统涉及的寄存器包括：中断标志相关寄存器(TCON 和 SCON)、中断允许寄存器(IE)、中断处理优先级设置寄存器(IP)。

当某路中断源触发中断事件时，TCON 或 SCON 中对应的中断标志位被置 1，通过读取 TCON 和 SCON 可以查询中断是否被触发。例如，当外部中断 0 触发中断时，TCON 中的 IE0 位会被置 1，串行口接收到数据时 SCON 中的 RI 位被置 1。

通过设置 IE 中对应的位可以打开(置位)或关闭(复位)某路中断，以此控制中断源能否向内核提出中断请求。其中，EA 位控制所有中断源，当其被清 0(复位)时，所有中断请求都无法达到内核；只有其置 1 时，各中断源发出的中断请求才能到达内核。

中断优先级寄存器(IP)中的每位对应某一路中断的处理优先级设置。当中断源对应的 IP 中的位被置位为 1 时，该中断被设置成高处理优先级；当中断源对应的 IP 中的位被复位为 0 时，该中断被设置成低处理优先级。

7.3　51 单片机中断系统中的寄存器

7.3.1　中断标志相关寄存器 TCON

中断标志相关寄存器 TCON 的 sfr 地址为 0x88，由于该地址满足二进制末 3 位为 0，因此该地址内的各个位可以进行位寻址，其位地址范围为 0x88～0x8F。每一位位地址及功能位简称如表 7.2 所示。

表 7.2　寄存器 TCON 位地址及功能

位序	D7	D6	D5	D4	D3	D2	D1	D0
名称	TF1	TR1	TF0	TR0	IE1	IT1	IE0	IT0
位地址	0x8F	0x8E	0x8D	0x8C	0x8B	0x8A	0x89	0x88

① 不一定刚好在同一个瞬间提出中段请求，因为 CPU 在执行一条指令时是不会响应中断的，只要是在 CPU 执行某条指令时到达的中断，不论其真正的先后到达顺序如何，对于 CPU 来说，它们都是在可以响应中断前到达的，即它们是同时到达的，需按响应优先级顺序响应。

在reg51.h或reg52.h中,关于该寄存器的定义如下。

```
sfr TCON  =0x88;
/* TCON  */
sbit TF1  =TCON^7;
sbit TR1  =TCON^6;
sbit TF0  =TCON^5;
sbit TR0  =TCON^4;
sbit IE1  =TCON^3;
sbit IT1  =TCON^2;
sbit IE0  =TCON^1;
sbit IT0  =TCON^0;
```

这意味着只要在C文件中包含了reg51.h或reg52.h,就可以直接使用该寄存器名称和特殊功能位的名称访问寄存器及相应的位,每个位的功能如下。

IT0——选择外部中断请求0:IT0=0为电平触发方式;IT0=1为跳沿触发方式。可由软件置1或清0,即使用语句IT0=1或IT0=0即可设置外部中断请求0为下降沿触发方式(置位IT0)或电平触发方式(复位IT0)。IT1的功能与IT10类似,只是IT1控制的是外部中断请求1的触发方式。

IE0——外部中断0标志位,如果外部中断0(INT0)引脚(P32)外接的电路电平按照IT0设置的触发方式发生了变化,达到了触发条件,则IE0被硬件置为1。当CPU响应该中断,跳转执行中断服务程序时,由硬件清0。可以通过读取IE0了解外部中断是否发生。IE1的功能与IE0类似,用于反映外部中断1(INT1)的中断请求情况。注意,IE0和IE1为只读位,写功能未定义,执行语句"IE0=1;"后的结果未知。

TF0——时钟中断0标志位,如果时钟0产生了中断,则该位硬件置1,当CPU响应该中断,转向中断服务程序时,由硬件清0,TF1的功能与其类似。同样,TF0和TF1也为只读位,写功能未定义。

TR0和TR1为定时器启动控制位,其功能将在定时/计数器相关章节中讲解。

7.3.2 中断标志相关寄存器SCON

中断标志相关寄存器SCON的sfr地址为98H,由于该地址满足二进制末3位为零,因此可以对该寄存器中的各位进行位寻址,其位地址范围为98H~9FH。寄存器SCON各个位的地址及功能简称如表7.3所示。

表7.3 寄存器SCON位地址及功能简称

位序	D7	D6	D5	D4	D3	D2	D1	D0
名称	SM0	SM1	SM2	REN	TB8	RB8	TI	RI
位地址	0x9F	0x9E	0x9D	0x9C	0x9B	0x9A	0x99	0x98

在reg51.h或reg52.h中,关于寄存器SCON的定义如下。

```
sfr SCON  =0x98;
/*  SCON  */
sbit SM0  =SCON^7;
sbit SM1  =SCON^6;
sbit SM2  =SCON^5;
sbit REN  =SCON^4;
sbit TB8  =SCON^3;
sbit RB8  =SCON^2;
sbit TI   =SCON^1;
sbit RI   =SCON^0;
```

其中，中断相关位为 TI 和 RI。当串行口接收到一帧数据时，RI 被硬件置 1；当串行口发送一帧数据时，TI 被硬件置 1。可以通过读取 RI 和 TI 了解串行口数据的收发情况。与 IE0、IE1、TF0 及 TF1 不同的是，即使响应的串行口相关中断，RI 和 TI 都不会被硬件清 0，因此 RI 和 TI 都必然被软件清 0，在中断服务程序或相关位置执行 RI=0 及 TI=0 的语句，RI 和 TI 软件置 1 的效果未定义。

寄存器 SCON 中的其余位与串行通信相关，将在串行通信章节中详细讲解。

7.3.3 中断允许寄存器 IE

寄存器 IE 的 sfr 地址为 A8H，系统复位后 IE 内默认值为 0x00，即系统默认状态下关闭所有中断。由于该地址满足二进制末 3 位为零，因此可以对该寄存器中的各位进行位寻址，其位地址范围为 A8H～AFH。寄存器 IE 各个位地址及功能简称如表 7.4 所示。

表 7.4 寄存器 IE 位地址及功能简称

位序	D7	D6	D5	D4	D3	D2	D1	D0
名称	EA	—	—	ES	ET1	EX1	ET0	EX0
位地址	0xAF	—	—	0xAC	0xAB	0xAA	0xA9	0xA8

在 reg51.h 或 reg52.h 中，关于寄存器 IE 的定义如下。

```
sfr IE    =0xA8;
/*  IE  */
sbit EA   =IE^7;
sbit ES   =IE^4;
sbit ET1  =IE^3;
sbit EX1  =IE^2;
sbit ET0  =IE^1;
sbit EX0  =IE^0;
```

IE 中的 D7 位地址为 AFH，功能简称为 EA，其功能为打开系统总中断。从图 7.3 可以看出，只有当 EA 被置 1 后，其余各位的置位才能发挥作用。若 EA 被清 0，则系统将不响应任何中断。中断允许寄存器 IE 中其余各位的功能如表 7.5 所示。

表 7.5 寄存器 IE 功能表

位功能简称	位地址	功　　能
EX0	A8H	外部中断 0(INT0)中断允许
ET0	A9H	时钟中断 0(T0)中断允许
EX1	AAH	外部中断 1(INT1)中断允许
ET1	ABH	时钟中断 1(T1)中断允许
ES	ACH	串行中断(UART)中断允许

当需要允许某一路或某几路中断时，除了需置 1 其对应的中断允许位外，还必须将 EA 置 1。

7.3.4 中断处理优先级寄存器 IP

中断处理优先级寄存器 IP 的 sfr 地址为 B8H。系统复位后，寄存器 IP 的默认值为 0x00，即默认状态下所有中断都是低处理优先级。由于该地址满足二进制末 3 位为零，因此可以对该寄存器中的各位进行位寻址，其位地址范围为 B8H～BFH。寄存器 IP 各个位的地址及功能简称如表 7.6 所示。

表 7.6 寄存器 IP 位地址及功能简称

位序	D7	D6	D5	D4	D3	D2	D1	D0
名称	—	—	—	PS	PT1	PX1	PT0	PX0
位地址	—	—	—	0xBC	0xBB	0xBA	0xB9	0xB8

在 reg51.h 或 reg52.h 中，关于寄存器 IE 的定义如下。

```
sfr IP    =0xB8;
/* IP  */
sbit PT2   =IP^5;
sbit PS    =IP^4;
sbit PT1   =IP^3;
sbit PX1   =IP^2;
sbit PT0   =IP^1;
sbit PX0   =IP^0;
```

中断处理优先级寄存器 IP 中各位功能如表 7.7 所示。

表 7.7 寄存器 IP 功能表

位功能简称	位地址	功　　能
PX0	B8H	外部中断 0(INT0)中断优先级
PT0	B9H	时钟中断 0(T0)中断优先级

续表

位功能简称	位地址	功　　能
PX1	BAH	外部中断1(INT1)中断优先级
PT1	BBH	时钟中断1(T1)中断优先级
PS	BCH	串行中断(UART)中断优先级

51系统的中断处理优先级只有两级：高处理优先级和低处理优先级。低处理优先级的中断服务程序在运行期间可以被高处理优先级的中断请求中断，但高处理优先级的中断服务程序在运行期间不会被低处理优先级的中断请求中断，同级处理优先级之间不能相互中断。因此，51系统中任何时候最多只有两级中断服务程序正在被响应。

当中断对应的处理优先级置1时，其被设置为高处理优先级，否则为低处理优先级。例如，语句“PS=1”的作用是将串行中断设置为高处理优先级；语句“PX1=0”的作用是将外部中断1(INT1)设置为低处理优先级。

7.4　51寄存器组及中断处理过程

常规中断的响应过程如下。

(1) 处理器在执行完一条指令后查看是否有需要响应的中断请求。

(2) 如果有，则处理器保存断点，转到中断服务程序开始执行。

(3) 执行中断服务程序后返回断点，继续执行被中断的程序。

通常，为确保处理器在执行中断服务程序后能返回被中断的程序，且对被中断的程序执行没有任何影响，就必须在中断处理前保存被中断程序的处理器现场，中断处理结束后恢复处理器现场，再返回被中断程序。因此，在一般的中断服务程序中，需要完成下列操作。

(1) 保存处理器执行现场，即处理器工作时使用的寄存器。

(2) 处理中断。

(3) 恢复处理器现场。

(4) 中断返回。

51单片机的工作寄存器有4组：工作寄存器组0、工作寄存器组1、工作寄存器组2和工作寄存器组3。每组有8个8位的工作寄存器r0～r7。这些工作寄存器组都被映射到内部数据存储器空间，地址分配情况如图7.4所示。

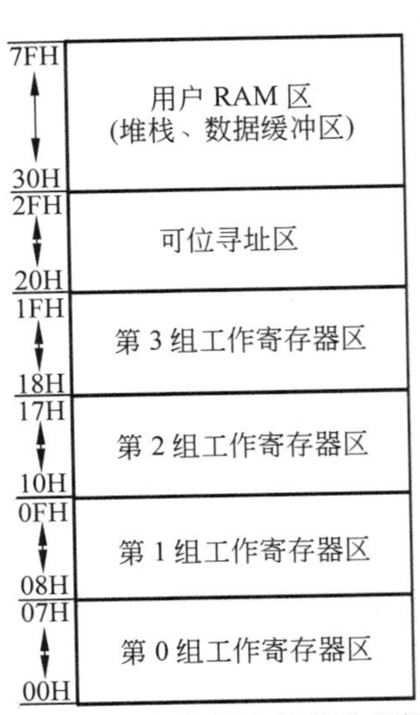

图7.4　内部数据存储器分配图

处理器在任何时候只能使用4组寄存器中的一组。具体使用哪一组寄存器由特殊功能寄存器PSW中的

RS0 和 RS1 位控制。正常情况下，没有经过特别设置的处理器运行主程序时使用的是第 0 组寄存器。如果在中断服务程序起始处将处理器使用的寄存器组切换为其他寄存器组，则中断服务程序就无须进行处理器现场的保存工作，而只需在中断返回前将寄存器组切换为原来的即可。如此便省去了大量保存现场和恢复现场的时间。因此，51 单片机的中断服务程序的基本步骤如下。

(1) 切换工作寄存器。

(2) 中断服务。

(3) 切换回原来的工作寄存器。

(4) 中断返回。

需要注意的是，51 单片机一共只有 4 组寄存器，但可支持 5 路中断。主程序占用了第 0 组，于是只有 3 组(第 1 组、第 2 组、第 3 组)寄存器组留给中断服务程序使用，如果在系统内打开了 4 或 5 路中断，则必然至少有两路中断的中断服务程序需要使用同一组寄存器，那么这样做会不会导致一个中断服务程序在执行时覆盖另一个中断服务程序的工作寄存器呢？

其实，51 单片机中只有 2 个中断处理优先级，而同级中断之间是不能相互中断的。因此，只要使同一组寄存器的中断处于同一处理优先级就不会有问题。同时，**处于不同处理优先级的中断服务程序不能使用同一组寄存器**，否则可能因为高处理优先级的中断打断低处理优先级中断而导致 2 个正在响应的中断服务程序使用同一组寄存器的情况发生，这将导致一些无法预估的错误，而且这些错误很难在调试过程中被发现。

7.5 中断服务程序的编写

在 C51 中，中断服务程序是一个没有返回值、没有参数的函数。但是，系统在响应中断时怎么知道应该跳转到哪个 C 函数呢？这就需要在编写函数时使用关键字 interrupt 指定该函数为中断服务程序，同时还要指定它是为哪一路中断编写的中断服务程序。C51 中断服务程序的编写样式如下。

```
void interrupt_routine0() interrupt X using N
{
    …//处理中断
}
```

代码中的函数名可以是任何合法的函数名；关键字 interrupt 及后边的 X 指定了该函数是中断号为 X 的中断服务程序；关键字 using 及后边的 N 指定了该中断服务程序使用的寄存器组。注意，将中断服务函数与中断关联起来的唯一途径就是关键字 interrupt 之后指定的中断号 X。若给外部中断 1(INT1)编写中断服务程序，而 INT1 的中断号为 2，则需将关键字 interrupt 后的 X 指定为 2。

如要为时钟中断 0(T0，中断号为 1)编写中断服务程序，并指定该中断服务程序使用寄存器组 2，则应在中断处理时将位 LED 取反(效果可能是使某个 LED 灯由亮到灭或由灭到亮)。为使得函数名能反映其功能，将时钟中断(T0)的中断服务程序命名为 inter_ timer0,则该中断服务函数的编码如下。

```
void inter_timer0 () interrupt 1 using 2
//指中断号为 1 的中断服务函数,使用第 2 组寄存器
{
    LED =!LED;                                    //处理中断
}
```

由于关键字 interrupt 指定了本函数为中断服务函数,因此函数返回时采用的不再是普通的函数返回。在使用关键字 using 指定中断服务程序使用的寄存器组时,特别要注意**“处于不同处理优先级的中断服务程序不能使用同一组寄存器”**原则。

虽然编写好了时钟中断 1 的中断服务函数,但当时钟中断产生时也不会进入该服务函数执行,因为默认状态下特殊功能寄存器 IE 的值为 0x00,各中断允许位为禁止状态,中断请求无法到达内核,因此在主程序中还需要加入如下代码。

```
PT0 =1;          //设置时钟中断 0 为高处理优先级(该步骤根据需要设置)
EA =1;           //系统总中断允许
ET0 =1;          //允许时钟中断 0
```

只有执行了以上代码后,时钟中断请求才可能到达内核引起中断,从而执行对应的中断服务函数。

因此,系统使用中断的编程步骤如下。

(1) 在主程序中设置相关中断的中断产生条件,如外部中断的触发条件、时钟中断的计数方式等。

(2) 在主程序中设置各路中断的处理优先级,开启系统总中断以及各路中断请求允许。

(3) 编写各路中断对应的中断服务函数。

7.6 外部中断应用——快速响应按键

如果采用查询方式扫描按键,则可能在按下按键时由于某些原因无法及时查询该按键的状态,直到对按键状态查询时才能对其进行响应,这无法满足一些实时性要求高的应用需求。但如果将按键与外部中断的引脚相连,采用中断方式响应按键,则能保证对按键操作的快速响应。

但是,51 系统中只有 2 路外部中断,如果需要快速响应的按键超过 2 个,则需要借助于一些电路设计才能实现。图 7.5 所示电路为多个快速响应按键只使用一路外部中断的例子。

该电路中,只要有按键按下,即可在 P3.3(INT1)引脚上产生下降沿。若将 51 的外部中断 1(INT1)设置为下降沿触发,则一旦有按键按下,即可引起外部中断 1 的中断请求。可以在中断服务程序中读取 P3.5～P3.7 引脚的状态,判断 3 个按键的点按情况。

主函数中,对快速响应按键的系统配置代码如下。

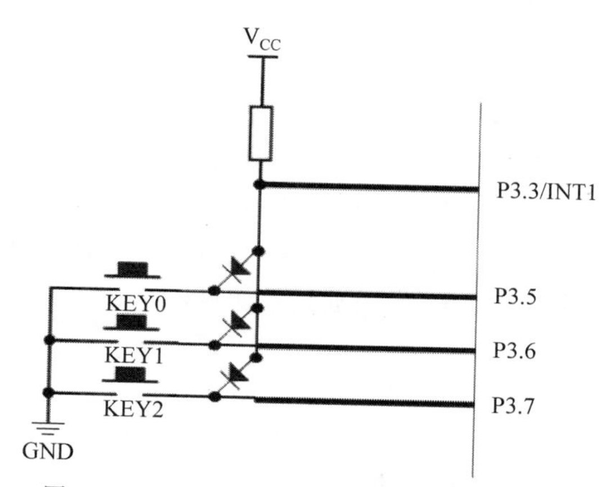

图 7.5　基于外部中断的快速响应按键原理图

```
int main()
{
    …
    IT1 =1;                                    //设置外部中断 1 为下降沿触发
    EA =1;                                     //开系统总中断
    EX1 =1;                                    //开外部中断 1,中断允许
    …
}
```

判断按键状态的中断服务函数的示例代码如下。

```
void interrupt_INT1() interrupt 2 using 1
{
    unsigned char keyWord1,keyWord2;
    short i;
    keyWord1 =P3;                              //获取按键状态
    for(i =-300; i <300; i++);                 //延时去抖
    keyWord2 =P3;                              //再次获取按键状态
    keyWord1 |=keyWord2 ;                      //两次按键状态叠加
    if( keyWord1 & 0x80 ==0 ) key2down();      //key2 被按下
    if( keyWord1 & 0x40 ==0 ) key1down();      //key1 被按下
    if( keyWord1 & 0x20 ==0 ) key0down();      //key0 被按下
}
```

可根据需要修改代码中的 key0down();、key1down();和 key2down();,对 3 个按键点按操作进行响应。

本示例旨在展示外部中断的使用方法,在多数使用 51 单片机的工程中,对按键的及时响应要求并没有那么高,因此常采用的按键电路方式为第 6 章讲述的方式,目的是降低系统成本。

本章小结

本章从中断的概念开始，引入了51单片机中断系统的逻辑结构图，围绕中断系统的逻辑结构图讲述了与中断相关的寄存器及其使用方式；同时，从51单片机寄存器组的组织方式、中断处理优先级、中断服务程序中特殊的保护现场和恢复现场操作引入了中断服务程序编写中寄存器组的指定问题；最后通过示例展示了外部中断的使用。

练习

7.1 说明寄存器IE、IP、TCON的作用。

7.2 编写代码，设置外部中断0为下降沿触发、在中断服务程序中将位LED取反、使用寄存器组2。注意：中断设置及中断允许应在主函数中进行。

第 8 章　51 单片机定时/计数器编程

8.1　计数与定时

嵌入式应用中的计数一般是对于输入脉冲的计数，当输入的电平出现上升沿或下降沿时，计数器的值增加 1(递增计数)或减少 1(递减计数)。通过获取某一时间段前后计数器中的值的变化就能得到输入脉冲的个数。在应用中，只要通过电路将需要计量的模拟量转换成脉冲，就可以实现对模拟量的计量。例如汽车里程计量将车轮转动的圈数转换成脉冲，以计量脉冲的方式获取车轮的转动圈数，从而得到汽车的行驶里程；一些数字电表通过电路将用电量转换成脉冲，通过计量脉冲的方式计量用电量。

通常在定时/计数器用作计数时，不关心其计数对象是否为固定周期，只要两次脉冲的时间间隔不少于定时计数器的计数要求即可。

如果定时/计数器的输入脉冲是固定频率，则可以通过计数的方式计时。若输入脉冲的周期为 Δt，前后两次计数值之差为 n，则前后两次读取计数值之间流逝的时间长度为 $n\Delta t$。

若计数器中的计数值达到某一特定值时能产生中断请求，则可以通过设置计数器初始记数值(简称计数初值)或中断溢出值的方式实现定时。对于一个递增计数器，假设输入脉冲的周期为 Δt，计数值为 N 时产生中断请求，设置计数初值为 n，则从设置计数初值到产生计数器中断时，定时长度为 $(N-n)\times\Delta t$，因此可以通过设定 N 或 n 值实现不同时间长度的定时。

8.2　51 单片机的定时/计数器

51 单片机的内部有两个递增计数器：T0 和 T1。每个计数器可以工作在定时模式和计数模式，二者的区别在于计数脉冲源于芯片内部还是外部。

定时模式时计数器的计数脉冲源为具有固定频率的内部脉冲，源于系统时钟经过 12 分频后的脉冲；计数模式时计数器的计数脉冲源为外部脉冲源，通过 P3.4 和 P3.5 引脚输入。通过设置特殊功能寄存器 TMOD 的 $C/\overline{T}$ 可控制各定时/计数器的计数脉冲源。

可以通过设置 51 单片机计数器的工作方式设定计数位数。计数器的位数可以被设置为 8 位、13 位或 16 位，当计数值溢出时产生中断。计数位数为 8 位时，计数值递增到二进制值为 1111 1111(十进制值为 255)时还不会产生溢出中断，再次对新来的脉冲计数时产生溢出中断。因此可以认为，当计数器的计数位数为 8 位时，溢出值为十进制值 256；同理，13 位时的溢出值为 8192，16 位时的溢出值为 65536。

8.3　51单片机定时/计数器相关寄存器

51单片机计数/定时器操作涉及的寄存器包括TMOD、TCON、THx和TLx，每个寄存器的作用及设置如下。

8.3.1　定时模式寄存器TMOD

寄存器TMOD的sfr地址为0x89，由于该地址不满足二进制低3位地址全零的条件，因此该寄存器不能进行位寻址。TMOD每位的功能简称如图8.1所示。

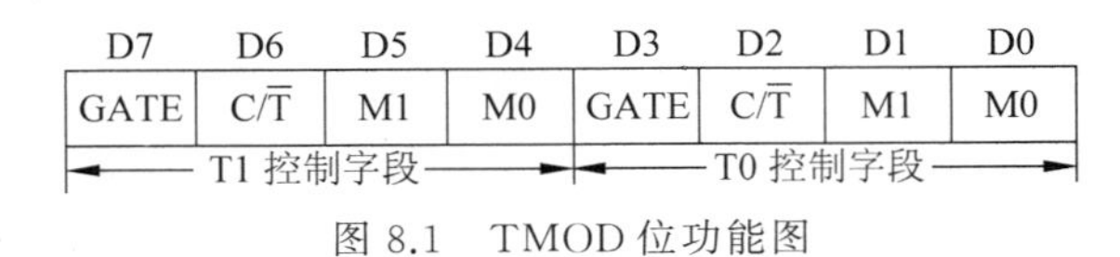

图8.1　TMOD位功能图

TMOD高4位和低4位分别控制T1和T0，都包含GATE、C/$\overline{T}$、M1和M0位。M1、M0决定T0和T1的工作方式，对应关系如表8.1所示。

表8.1　M0、M1及工作方式

M1	M0	工作方式	备　注
0	0	工作方式0	13位不自动重装初值方式
0	1	工作方式1	16位不自动重装初值方式
1	0	工作方式2	8位自动重装初值方式
1	1	工作方式3	只使用T0，T0被分解成两个8位计数器

C/$\overline{T}$位用于控制T0和T1的工作模式。C/$\overline{T}$位置0，计数器脉冲为振荡器12分频后的方波，即T0、T1可作定时器用；C/$\overline{T}$位置1、计数器脉冲源来自P3.4/P3.5，即T0、T1用于记录对应引脚上的脉冲数。

GATE位对计数器的影响与具体的工作方式有关，请参照工作方式逻辑图理解GATE位的作用。

8.3.2　定时器控制寄存器TCON

本书在中断相关章节已简单介绍过寄存器TCON，其sfr地址为0x88。由于其二进制地址低3位为0，因此该寄存器可以进行位寻址，地址定义已经在第7章相关章节讲述。位地址及位功能简称如表8.2所示。

表 8.2 定时器控制寄存器 TCON 的位地址及功能

位序	D7	D6	D5	D4	D3	D2	D1	D0
名称	TF1	TR1	TF0	TR0	IE1	IT1	IE0	IT0
位地址	0x8F	0x8E	0x8D	0x8C	0x8B	0x8A	0x89	0x88

TF0、TF1 位计数器溢出标志位，当 T0 或 T1 计数值溢出时，该位被硬件置 1，当系统响应 T0 或 T1 引起的中断值时，计数器溢出标志位被硬件清 0。

TR0、TR1 位与 TMOD 中的 GATE 共同控制计数开关，其作用与定时器具体工作方式有关，请参考工作方式的相关介绍。IE0、IE1、IT0 与 IT1 已在中断相关章节中介绍。

8.3.3 定时器计数值寄存器 TH 和 TL

T0 的计数寄存器为 TH0、TL0，sfr 地址分别为 0x8C 和 0x8A；T1 的计数寄存器为 TH1、TL1，sfr 地址分别为 0x8D 和 0x8B。可以通过 TH 和 TL 获取计数值，同时也可以通过 THx 和 TLx 设置计数起始值。具体每一位的作用与工作方式相关，因此，在了解定时/计数器工作方式时需留意 TH 与 TL 值的意义。

8.4 51 单片机的定时/计数器的工作方式

通过设置 51 单片机定时/计数器工作方式，可以设定定时器的计数位数、工作逻辑等。

8.4.1 工作方式 0——13 位不循环计数方式

当 51 单片机的计数器工作在工作方式 0 时，TLx 的低 5 位和 THx 一起工作，作为 13 位的计数寄存器使用。获取计数值时，需取出 TL 的低 5 位和 TH 共同合成 13 位计数值；当需要设置计数器初始值时，也需要把初始值的低 5 位写入 TL 低 5 位，高 8 位写入 TH。T0、T1 工作方式 0 的工作逻辑如图 8.2 所示。

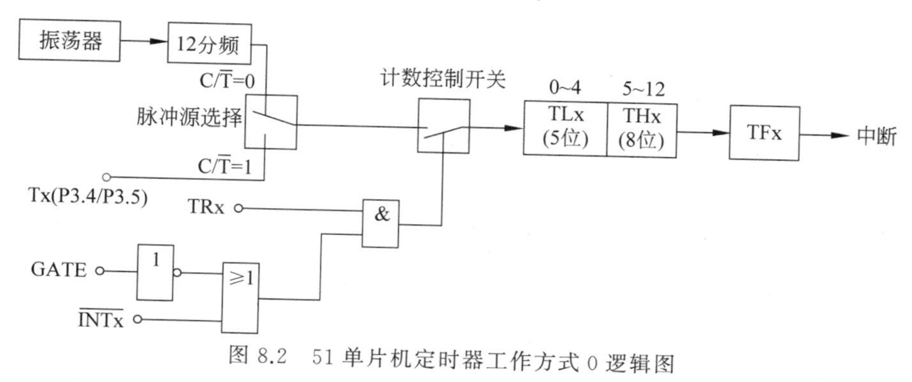

图 8.2 51 单片机定时器工作方式 0 逻辑图

图 8.2 中的 x 为 0 或 1，对应于 T0 和 T1。由 C/$\overline{\text{T}}$ 控制计数器时钟源的选择，当设置 C/$\overline{\text{T}}$=0 时，计数时钟源为振荡器 12 分频后的时钟脉冲，此时计数器可作为定时器使用；当 C/$\overline{\text{T}}$=1 时，计数器时钟源来自外部时钟源信号，T0 的外部时钟源引脚为 P3.4，T1 的外部时钟源引脚为 P3.5。

当 GATE 被设置为 1 时，计时器控制开关由 TRx 和 INTx 共同控制，当 TRx 被设置为 1 后，外部中断 INTx 触发计时开始，该功能可测量作用于 INTx 引脚上的脉冲宽度；当 GATE 被置为 0 时，计时器控制开关由 TRx 控制，一旦 TRx 被置 1，计数器就开始计数。

在工作方式 0 下，TLx 低 5 位和 THx 作为 13 位的计数寄存器使用，若计数值积满 13 个 1——值为 0x1FFF 之后，再输入一个计数脉冲将导致计数器溢出，13 位寄存器被置为全 0，计数器溢出标志 TFx 标志被硬件置 1。若中断允许位 EA 和 ETx 已经置位，则会引起计数器中断。

注意：13 位计数器位全 1——0x1FFF 时并没有中断产生，而是在此基础上再增加 1 时才会产生溢出中断，因此可以认为 13 位计数器产生中断时的值为 0x2000，十进制值为 8192。

8.4.2 工作方式 1——16 位计数方式

51 单片机的计数器工作在工作方式 1 时，TLx 和 THx 一起工作，作为 16 位的计数寄存器使用。TLx 存放计数值低 8 位，THx 存放计数值高 8 位。T0、T1 工作方式 1 的工作逻辑如图 8.3 所示。

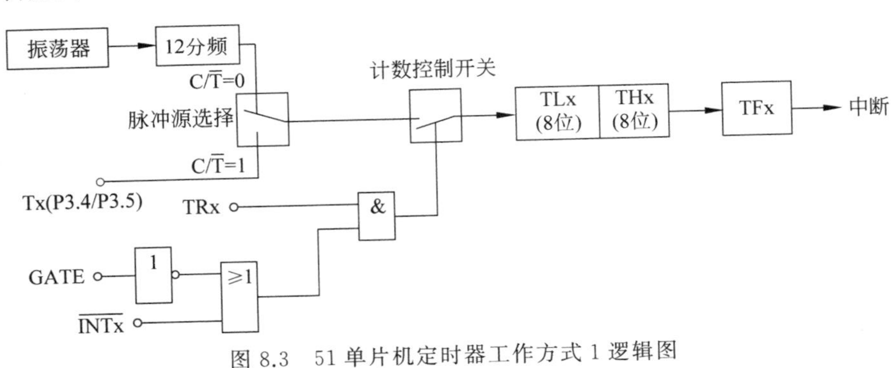

图 8.3　51 单片机定时器工作方式 1 逻辑图

图 8.3 中的 x 为 0 或 1，对应于 T0 和 T1。C/$\overline{\text{T}}$、GATE、TRx 位的作用与工作方式 0 一致。

在工作方式 1 下，TLx 和 THx 作为一个 16 位的计数寄存器使用。若计数值积满 16 个 1——值为 0xFFFF 之后，再输入一个计数脉冲将导致计数器溢出，计数寄存器被置为全 0，计数器溢出标志 TFx 标志被硬件置 1。若中断允许位 EA 和 ETx 已经置位，则会引起计数器中断。

计数寄存器全 1——0xFFFF 时并不会产生中断，在此基础上再增加 1 时才会产生溢出中断，因此可以认为工作方式1产生溢出中断时的计数值为0x10000，十进制值为65536。发生溢出后，计数器值变成全0，即计数器重新从0开始计数，如果需要固定时长产生溢出事件，则需要重新设置计数初值。

相对于工作方式0，工作方式1的计数寄存器为16位，且获取计数值和设置计数初值都更简单，所以应用中一般使用工作方式1。51单片机之所以设计了工作方式0，是为了兼容旧版本的单片机，所以新设计的51应用中一般不使用工作方式0。

8.4.3 工作方式2——8位自动重装载初值方式

当51单片机的计数器工作在工作方式2时，TLx作为计数寄存器使用，TLx存放计数值8位计数值，THx作为重装载寄存器使用。T0、T1工作方式1的工作逻辑如图8.4所示。

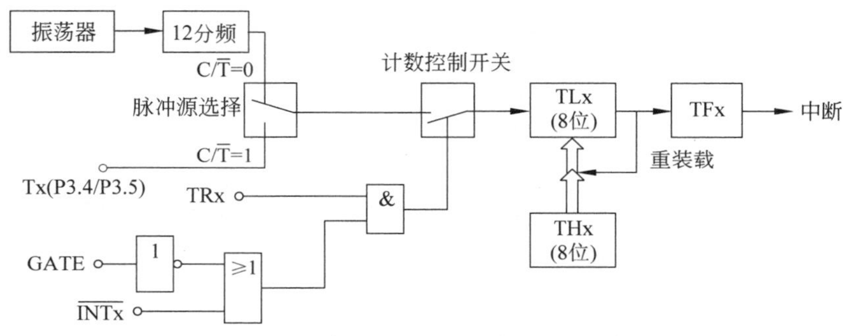

图8.4 51单片机定时器工作方式2逻辑图

C/$\overline{T}$、GATE、TRx位的作用与工作方式0和工作方式1一致。

在工作方式2下，TLx作为一个8位的计数寄存器使用，若计数值积满8个1——值为0xFF之后，再输入一个计数脉冲将导致计数器溢出。与工作方式0和工作方式1不同的是，在工作方式2下，计数器溢出时计数寄存器的值不是被清0，而是从THx处装入，然后从装入的新值开始计数。计数器溢出时，若中断允许位EA和ETx已经置位，则同样会引起计数器中断。

可以认为，工作方式2产生溢出中断时的计数值为0x100，十进制值为256。发生溢出后，计数寄存器从THx中装入新的计数值，因此无需软件重新设置计数初值就能使定时器在固定的时间间隔产生溢出事件，触发定时器中断。

和工作方式0和工作方式1相比，工作方式2的计数初值无需软件设置，溢出时自动从THx处装入。工作方式0和工作方式1的计数初值需要等到响应中断后进入中断服务程序才能设置。由于从溢出产生到设置完初值的时间间隔是不确定的，因此工作方式0和工作方式1无法产生周期非常准确的溢出事件；而工作方式2的计数初值是溢出事件产生时自动重装的，因此溢出事件产生周期是非常准确的。工作方式2经常用于溢出周期要求准确或不便于在溢出后重新设置初值的应用场合。

特别提示：当T0为工作方式3时，T1的溢出不会产生中断请求，使用工作方式2就能让其按固定周期产生溢出事件。关于该方式的使用，请参见串行通信相关章节。

8.4.4 工作方式3——T0被分成2个8位计数器

只有T0可以工作在工作方式3下，此时T0被分成2个8位计数器：TL0和TH0。设置为工作方式3后的TL0和TH0对应的计数方式逻辑关系如图8.5所示。

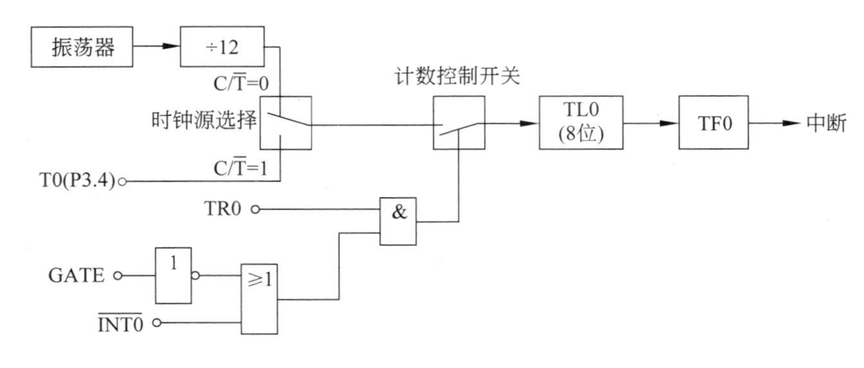

(a) T0工作方式3时TL0计数逻辑

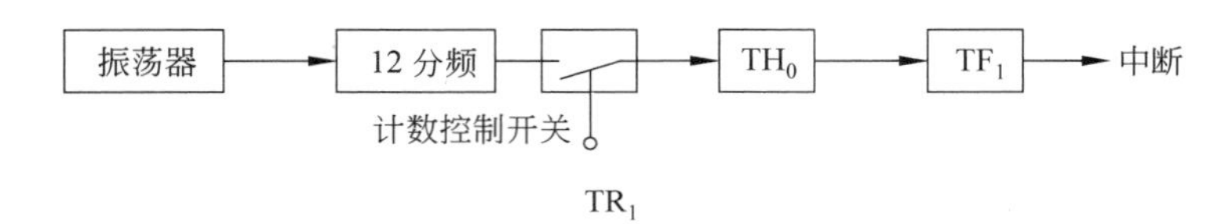

(b) T0工作方式3时TH0计数逻辑

图8.5 工作方式3的逻辑图

从图8.5中可以看出，TL0使用了T0的所有控制位、状态位以及中断请求位C/$\overline{\text{T}}$、GATE、TR0和TF0，相当于T0工作在工作方式0或1下，只是计数寄存器只有8位，溢出值为256(0x100)，最长定时时长为256×12/fs(fs为振荡器频率)。

TH0被固定作为一个8位定时器(计数脉冲源只能是内部时钟，无法外接到外部脉冲源)，使用定时器T1的控制位TR1，并占用定时器T1的中断请求标志位TF1。当T0被设置为工作方式3时，T1的各种工作方式逻辑图如图8.6所示。

当T0被设置为工作方式3时，T1的溢出不会影响TF1，也不会产生中断请求。由于无法捕捉T1的溢出事件，只能以查询方式获取T1的计数值，因此当T0为工作方式3时，T1只有作为计数器使用时才使用工作方式0和工作方式1。

由于工作方式2为自动重装初值方式，当T0为工作方式3时，可以将T1置为工作方式2，通过控制TH1和TL1使得T1产生固定溢出率，将溢出信号送往串行通信口就能得到固定的通信波特率，这正是T0工作方式3的目的所在：为了产生固定波特率，需要使用T1的工作方式2，此时若将T0分为2个8位的计数器，则系统还有两个计数器可用。

表8.3展示了51单片机定时/计数器各种工作方式的特性和功能，需要使用定时/计数器时可以参考选择。

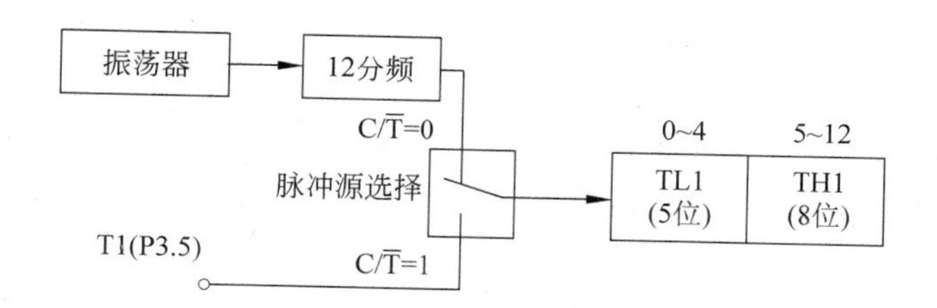

(a) T0 为工作方式 3 时 T1 的工作方式 0 逻辑

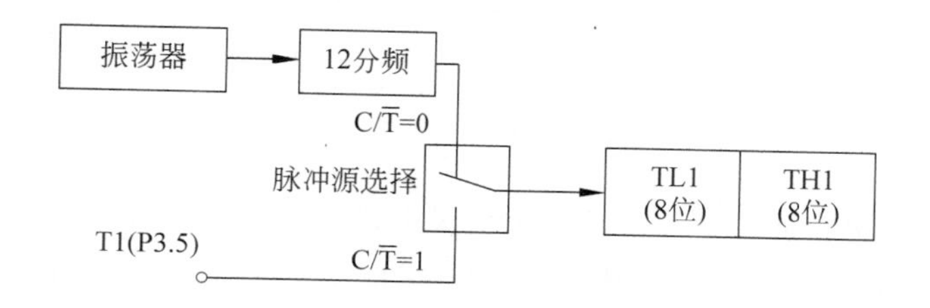

(b) T0 为工作方式 3 时 T1 的工作方式 1 逻辑

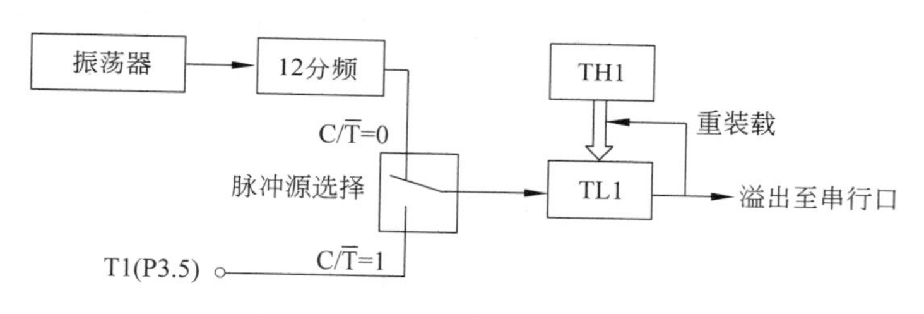

(c) T0 为工作方式 3 时 T1 的工作方式 2 逻辑

图 8.6　T0 为工作方式 3 时 T1 的各工作方式逻辑图

表 8.3　计数器工作方式

工作方式	适合的计数器	特　　性	备　　注
0	T0、T1	13 位不自动重装初值方式，溢出后从 0 开始计数，需软件重设初值	用于兼容旧版本单片机
1	T0、T1	16 位不自动重装初值方式，溢出后从 0 开始计数，需软件重设初值	计数范围较大时常选择此方式
2	T0、T1	8 位自动重装初值，溢出后从自动 TH 装载初值	用于精确定时
3	T0	T0 被分解为 TL0 和 TH0 两个计数器，T1 工作逻辑受到影响	T1 作为波特率发生器时使用

在选择定时/计数器工作方式时可以参考如下指导思想。

(1) 作为计数器使用时，一般选择工作方式 1，因为其计算范围最大(0～65535)。

(2) 作为较长时间的定时器使用，但对定时精度要求不高时，选择工作方式 1。

(3) 作为定时精度要求高的定时器使用时,选择工作方式2,但最长定时时长为256×12/fs(fs为振荡器频率),也可以通过软件实现更长时间的定时。

(4) 当T1作为波特率发生器使用时,T1首选工作方式2。此时可将T0置为工作方式3,将T0分解为2个独立的定时器,以满足系统对定时器数量的需求。

8.5 51单片机定时/计数器的应用

下面通过几个应用实例展示51单片机定时/计数器的具体使用方法以及注意事项。

8.5.1 方波发生器

方波发生器的功能是在单片机的某个引脚上输出具有某一确定频率的方波。

由于51单片机的定时器计数脉冲为振荡器12分频后的方波,因此可以认为,计数器工作在定时模式时计数频率为$f_s/12$(单片机工作时钟频率),计数周期为$12/f_s$。为讨论方便,将计数周期记为$Tc=12/f_s$。若需要产生的方波周期为计数周期的N倍,则可以设置定时器,使其记满$N/2$个数溢出,在溢出引起的中断服务程序中改变方波输出引脚的电平状态,即可产生周期为$N\times Tc$的方波。计数脉冲和输出方波之间的关系如图8.7所示。

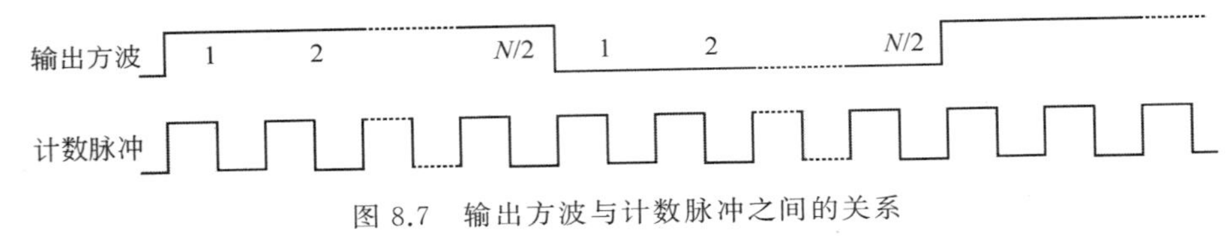

图8.7 输出方波与计数脉冲之间的关系

为讨论方便,令$n=N/2$。若$n>256$,则可以使用工作方式1实现。此时计数器溢出值为65536,则每次中断后设置初值为$65536-n+4$。之所以加4是因为从上次溢出到新的计数值设置完毕至少需要4个计数周期的时间。尽管这样也无法使定时非常精确,这是工作方式1的固有特性导致的误差,但当n值较大时,该误差可以忽略不计,甚至有些地方可以直接将初值置为$65536-n$。在工作方式1下,输出方波、计数值及计数脉冲的关系如图8.8所示。

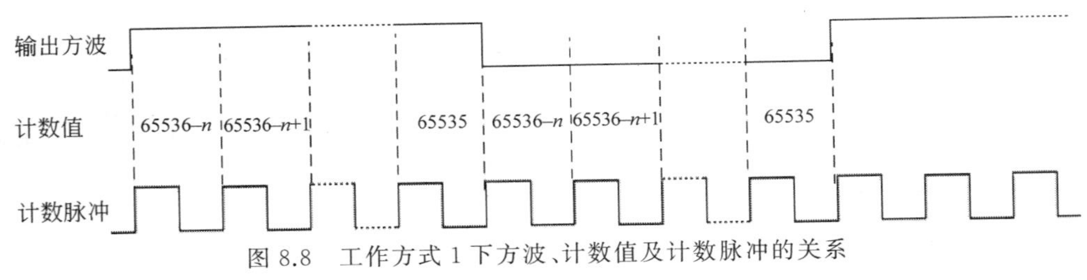

图8.8 工作方式1下方波、计数值及计数脉冲的关系

假设系统振荡器的频率为12MHz,现需在P1.1引脚产生频率为1kHz的方波,则计

数脉冲周期 T_c 为 1μs，而输出方波周期为 1ms，因此 $N=1000$，$n=500$。因此可选择工作方式1，且计数初值为 65536－500＝65036＝0xFE0C。在系统振荡器频率为12MHz的情况下，使用 T0 在 P1.1 引脚产生 1kHz 的方波的代码如下（Keil 工程目录 squareWave）。

```
/***** 晶振频率为12MHz时利用T0的工作方式1在P1.1引脚产生1kHz方波 *****/
#include <reg51.h>
sbit WAVE=P1^1;                     //定义输出方波引脚,可根据实际电路修改
#define THvalue     0xFE            //计数初值高8位,可根据晶振频率和输出方波频率修改
#define TLvalue     0x0C            //计数初值低8位,可根据晶振频率和输出方波频率修改
int main(){
    TMOD =0x01;                     //C/T=0,置T0为定时模式,M1M0=01,工作方式1,GATE=
                                    //0,不用中断触发计数
    TH0 =THvalue;
    TL0 =TLvalue;
    TR0 =1;                         //启动T0计数
    EA =1;                          //开系统总中断
    ET0 =1;                         //开T0中断
    while(1);
}
/************* T0中断服务函数 *****************/
void inter_timer0()interrupt 1 using 1
{
    TR0 =0;                         //停止T0计数
    TH0 =THvalue;                   //重置初值
    TL0 =TLvalue;                   //重置初值
    TR0 =1;                         //启动T0计数
    WAVE =!WAVE;                    //改变方波引脚电平状态
}
/******************** end ********************/
```

当 $n<256$ 时，如果再使用工作方式1，则相对误差较大，此时可选择工作方式2，计数器溢出时自动从TH重装初值，因此可以得到周期非常准确的方波。工作方式2下定时器的溢出值为256，故应设置计数初值为 $256-n$。工作方式2下，输出方波、计数值及计数脉冲之间的关系如图8.9所示。

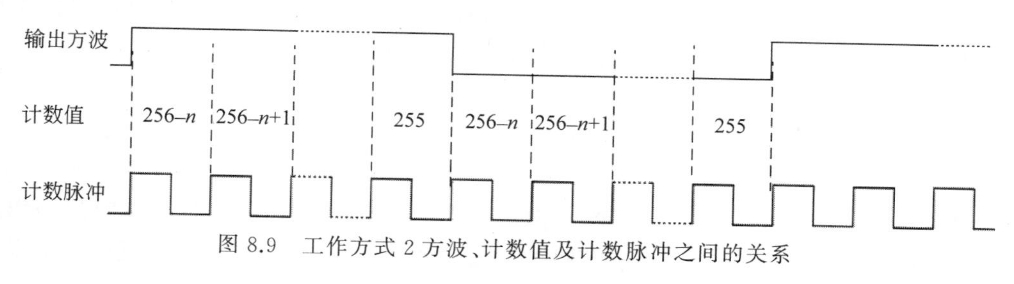

图 8.9　工作方式2方波、计数值及计数脉冲之间的关系

假设系统振荡器频率为12MHz，现需在P1.1引脚产生频率为2kHz的方波，则计数脉冲周期Tc为1μs，而输出方波周期为0.5ms，因此$N=500$，$n=250$。因此可选择工作方式2，且计数初值为256－250＝16。在系统振荡器频率为12MHz的情况下，使用T1在P1.1引脚产生2kHz的方波的代码如下(Keil工程目录squareWave2)。

```
/***** 晶振频率为12MHz时利用 T1的工作方式2在 P1.1引脚产生2kHz 方波 *****/
#include <reg51.h>
sbit WAVE=P1^1;                        //定义输出方波引脚,可根据实际电路修改
#define value    16                    //计数初值,可根据晶振频率和输出方波频率修改
int main(){
    TMOD =0x20;                        //C/T=0,置 T1 为定时模式,M1M0=10,工作方式 2,GATE=
                                       //0,不用中断触发计数
    TH1 =value;                        //预备好重装载初值
    TL1 =value;                        //设置计数初值
    TR1 =1;                            //启动 T1 计数
    EA =1;                             //开系统总中断
    ET1 =1;                            //开 T1 中断
    while(1);
}
/************* T1中断服务函数 ********************/
void inter_timer1() interrupt 3 using 1
{
    WAVE =!WAVE;                       //改变方波引脚电平状态
}
/********************* end ********************/
```

两种工作方式的最大区别在于中断服务函数中是否设置初值。

工作方式1下，由于计数器溢出后的计数值为0，因此在中断服务函数内还需再次设置初值。由于计数器在计数期间设置计数初值可能导致计数错误，因此在设置初值前应先停止计数器计数，设置初值后再启动计数器。

工作方式2下，如有计数器在溢出时自动从THx中重装初值到TLx，则只要预先在THx中准备好初值即可。因此，工作方式2下产生的方波周期更准确，但工作方式2产生的方波的最大周期长度不能超过512个计数周期。同时，由于51单片机的运算能力有限，因此一般不用于产生频率太高的方波。

上述方式产生的是占空比为1∶1的方波，若要改变方波的占空比，则可以根据需要在方波的不同电平设置不同的计数初值，读者可以自行尝试。

8.5.2 硬件延时

定时器在嵌入式系统中的一个重要作用是产生定时信号，为一些基于时间的操作提供依据。在软件编写中，经常需要在代码中插入延时，例如毫秒级的延时。延时的实现方式有硬件延时和软件延时两种。硬件延时方式指利用定时实现的延迟，延迟的时间长度

比较准确。

前面章节采用了软件延时的方式，最简单的软件延时方式就是通过累加变量的方式“消耗”处理器的时间，以间接实现延时。但是软件延时的时长无法精确估算，特别是在使用C语言编写软件延时的时候，由于C语言编译成机器语言的过程与很多因素有关，很难精确估计每条C语句与最终编译的机器代码之间的关系，因此无法准确计算累加变量过程中“消耗”的时间长度。

在系统频率为12MHz时，定时器的计数频率为1MHz，每记一个数经过的时间——计数周期为1μs。当定时器被设定成工作方式1时，计数最大值可达65536，因此可以直接用硬件实现微秒级的延时，延时长度可达65ms。以下代码为利用定时器0实现的微秒级的延时。

```
void delay_us(unsigned short n){
    n =~n;                       //n=65535-n
    TF0 =0;                      //清除溢出标志
    TH0 =n>>8;                   //计数初值高8位
    TL0 =n;                      //计数初值低8位
    TR0 =1;                      //启动计数器0
    while(!TF0);                 //等待计数器0溢出
    TR0 =0;                      //停止计数
}
```

延时 n 微秒本应把计数初值设置为 $65536-n$。语句“n＝～n”的效果相当于 $n=65535-n$，但执行速度很快。当 n 值较大时，该误差可忽略不计。在此基础上，还可以实现毫秒级的延时，函数如下。

```
void delay_ms(unsigned short n){
    unsigned short t;
    t =n>>6;                     //t =n/64
    n &=0x3F;                    //n =m%64
    while(t--) delay_us(64000);  //t×64ms
    delay_us(n*1000);            //延时 n×1000us
}
```

需要注意的是，延时函数内没有设置定时器工作方式，需要在系统初始化时将T0设为工作方式1，且GATE和C/$\overline{T}$位均应设为0，以使T0工作在由TR0控制计数的定时模式下。

8.5.3 音乐播放

无源蜂鸣器因其内部不包含震荡源，因此即使接通电源也无法发出声音，必须根据所需要发出声音的频率间断性为无源蜂鸣器提供电源才能触发其发出声音。可以根据需要调整间断性电源的频率，以使其发出不同频率的声音。本节将使用定时器产生定时中断，在中断服务程序中改变驱动无源蜂鸣器发声的引脚，使无源蜂鸣器按一定顺序发出不同频率的声音，实现播放电子音乐的效果。

本示例使用P1.3驱动低电平触发的无源蜂鸣器，原理如图8.10(a)所示，相对应的实验模块实物如图8.10(b)所示。

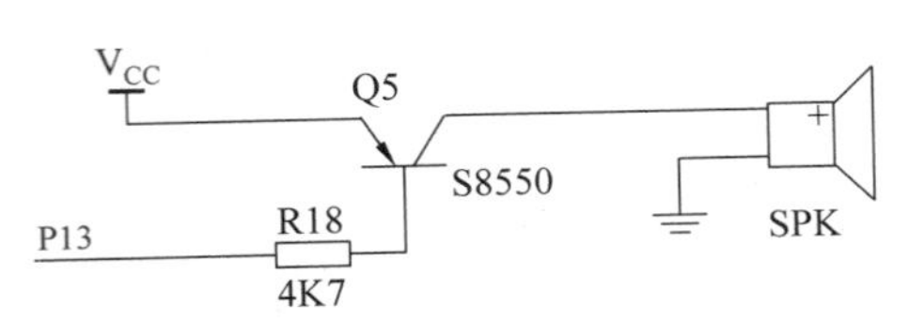

(a) 无源蜂鸣器驱动电路

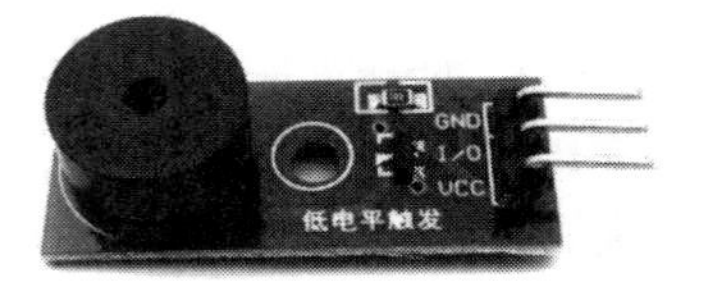

(b) 无源蜂鸣器实验模块

图8.10　无源蜂鸣器电路及模块

本示例的驱动原理和方波发生器是一致的，只是本实验输出的方波频率需要随着时间的推移而改变。因此，定时器的计数初值也要随着时间而改变。当需要驱动无源蜂鸣器发出某一频率的声音时，则需要使用其对应的计数初值使定时器按照预定的频率产生中断。

例如，低音5(suo)的声音频率为392Hz，周期为1/392秒，则半个声音周期长度为1/(392×2)秒。当系统频率为12MHz时，定时器的计数频率为1MHz，计数周期为1μs。因此可以得到半个声音周期内定时器的计数个数为1276。将定时器设置为工作方式1后，将计数初值设为65536－1276＝64260＝0xFB04。定时器会每半个声音周期中断一次，利用方波发生器原理即可发出频率为392的方波，该方波驱动无源蜂鸣器可发出低音5。

常用的音调对应的频率以及在系统频率为12MHz时工作方式1下发出对应频率的声音所需要的计数初值如表8.4所示。

表8.4　音调、频率及计数初值对应表

音调	频率/Hz	半音乐周期计数周期数	计数初值	
			十进制	十六进制
低音5	392	1276	64260	FB04
低音6	440	1136	64400	FB90
低音7	494	1012	64524	FC0C
中音1	523	956	64580	FC44
中音2	587	852	64684	FCAC
中音3	659	759	64777	FD09
中音4	698	716	64820	FD34
中音5	784	638	64898	FD82
中音6	880	568	64968	FDC8

续表

音调	频率/Hz	半音乐周期计数周期数	计数初值	
			十进制	十六进制
中音 7	988	506	65030	FE06
高音 1	1046	478	65058	FE22
高音 2	1174	426	65110	FE56
高音 3	1318	379	65157	FE85

由表 8.4 可知，当需要让无源蜂鸣器发出高音 3(mi，频率为 1318Hz)时，可以将计数器初值置为 FE85，即 THx=0xFE，TLx=0x85。于是，计数器会每半个音乐周期产生一次溢出中断，只要在中断服务程序中设置计数初值后再将无源蜂鸣器驱动引脚的状态反转就可以了。

编程时，为了在播放每个音调时快速找到对应的计数初值，可以将音调对应的计数初值存放在一维数组中，如以下代码所示。

```
code uint16 musicCode [ ] = { 0xFB04, 0xFB90, 0xFC0C, 0xFC44, 0xFCAC, 0xFD09,
0xFD34, 0xFD82, 0xFDC8, 0xFE06, 0xFE22, 0xFE56, 0xFE85};
```

这样，从“低音 5”到“高音 3”的每个音调所对应的计数初值都能在该数组中查到，而且具有一定的规律性。

为简单起见，本示例只播放简单的音乐，即按一定顺序播放每个音调，且每个音调的播放时长一致。在真正的音乐中，每个音的播放时间长度不一致，该效果将在后期完善。为了实现两个音之间的停顿效果，可以在播放的两个音之间插入一个短暂停，即停止计数器计数，蜂鸣器不发音。

为了让单片机播放出音乐的效果，需要预先把乐谱存放在一维数组中(只存放音调，不存放每个音的发声时长)。例如《两只老虎》的乐谱可以用下面的数组记录。

```
code int8 musicBook[] ={1, 2, 3, 1, 1, 2, 3, 1, 3, 4, 5, 3, 4, 5, 5, 6, 5, 4, 3, 1, 5,
6, 5, 4, 3, 1, 2, -2 ,1 ,2 ,-2, 1};
```

该数组中出现了负数，是因为“中音 1(do)”～“中音 7(xi)”用 1～7 代替，按照此规律，“低音 7”对应 0、“低音 6”对应−1、“低音 5”对应−2。同理，“高音 1”～“高音 3”对应 8～10。这种对应方式的好处是中音的乐谱符号和数组值一致，而乐谱中的中音占大多数。当需要播放某一个音时，该音的对应值和其在 musicCode 数组中的下标会相差 2，因此在取计数初值时要注意这一点。

结合硬件延时方法，可以利用定时器 0 实现播放计时，定时器 1 和引脚 P1.3 驱动无源蜂鸣器播放《两只老虎》乐曲的代码如下(详见示例工程 sampleMusic)。

```
/*
简单音乐播放:
T0 实现每个音播放长度的控制,T1 与 P1.3 结合驱动无源蜂鸣器发声,播放《两只老虎》乐曲
```

```
*/
#include <reg52.h>
sbit speaker = P1^3;                                //定义无源蜂鸣器的驱动引脚
/* 音调计数初值查找表 */
code unsigned short musicCode [ ] = { 0xFB04, 0xFB90, 0xFC0C, 0xFC44, 0xFCAC,
0xFD09, 0xFD34, 0xFD82, 0xFDC8, 0xFE06, 0xFE22, 0xFE56, 0xFE85};
/*《两只老虎》乐谱——低音和高音经过特殊换算 */
code char musicBook[] = {1, 2, 3, 1, 1, 2, 3, 1, 3, 4, 5, 3, 4, 5, 5, 6, 5, 4, 3, 1, 5,
6, 5, 4, 3, 1, 2, -2 ,1 ,2 ,-2, 1};
code char musicLength = sizeof(musicBook);      //乐曲长度
/* 微秒级延时函数
参数 n 为 16 位无符号数,范围为 1~65535,不建议少于 100
*/
void delay_us(unsigned short n){
    n = ~n;                                     //n=65535-n
    TF0 = 0;                                    //清除溢出标志
    TH0 = n>>8;                                 //计数初值高 8 位
    TL0 = n;                                    //计数初值低 8 位
    TR0 = 1;                                    //启动计数器 0
    while(!TF0);                                //等待计数器 0 溢出
    TR0 = 0;                                    //停止计数
}
/* 毫秒级延时函数
参数 n 为 16 位无符号数,范围为 1~65535
*/
void delay_ms(unsigned short n){
    unsigned short t;
    t = n>>6;                                   //t = n/64
    n &= 0x3F;                                  //n = m%64
    while(t--) delay_us(64000);                 //t×64ms
    delay_us(n * 1000);                         //延时 n×1000μs
}
unsigned char musicBuf[2];                      //用于存放当前播放音调对应的计数初值
int main(){
    char point=0;                               //播放乐曲指针
    unsigned short startValue;                  //临时变量,用于临时存放每个音调对应
                                                //的计数初值
    TMOD=0x11;                                  //t0,t1 都设置为工作方式 1,定时模式,
                                                //由 TR 控制计数
    EA = 1;                                     //开系统总中断
    ET1 = 1;                                    //开定时器 1 中断
    while(1){
        startValue = musicCode[musicBook[point]+2];
                                                //查找 point 指向音调的计数初值
```

```
        TH1 =musicBuf[0] =startValue>>8;      //计数初值高 8 位
        TL1 =musicBuf[1] =startValue;         //计数初值低 8 位
        TR1 =1;                               //开始计数,播放声音
        delay_ms(300);                        //每个音播放 300ms
        TR1 =0;                               //暂停播放
        delay_us(2000);                       //两个音间暂停 2000μs=2ms
        point++;                              //移动播放指针,准备播放下一个音
        point %=musicLength;                  //如播放结束,指针回 0,实现循环播放
    }
}
/* T1 中断服务程序,通过改变无源蜂鸣器引脚状态驱动其发声 */
void interrupt_timer1() interrupt 3 using 1
{
    TR1 =0;                                   //暂停计数以置初值
    TH1 =musicBuf[0];
    TL1 =musicBuf[1];
    TR1 =1;                                   //置完初值,开始计数
    speaker =!speaker;                        //改变无源蜂鸣器驱动引脚状态
}
```

本示例实现的效果是整个系统只用于播放乐曲,而实际应用中经常需要在播放乐曲时还要完成其他工作,例如同时进行键盘扫描、数码管显示等工作。本示例的代码是很难实现多个事务同时完成的,主要原因在于系统在延时期间没有安排其他工作。而本示例工程旨在展示定时器用于硬件延时和方波输出的例子,并没有兼顾多任务的执行问题。读者可以参照第 6 章的内容思考如何完成在多任务的情况下播放乐曲。

本章小结

本章从计数器/定时器的工作实质开始,讲述了 51 单片机中定时器的两种工作模式(定时和计数)、4 种工作方式以及配置过程;然后通过 2 个基本应用和一个综合运用示例展示了定时器在工作方式 1 和工作方式 2 下的使用。读者在学习过程中可以通过几种工作方式的逻辑电路图为依据对工作方式进行理解,最后在应用中不断体会。

练习

8.1 浅谈定时与计数的异同。

8.2 编写代码,从 P1.0 引脚输出频率为 20kHz 的方波。

8.3 修改示例工程 sampleMusic,实现如下效果。

从低音 5 开始,每秒播放一个音,两个音之间停顿 20ms,逐渐升高,一直播放到高音 3,然后逐渐减低,再回到低音 5,不断循环往复。

第 9 章　基于时钟中断的循环轮询多任务

9.1　基于时钟中断的周期性任务触发

第 6 章讲述了采用软件延时的循环轮询多任务系统的程序流程图，如图 9.1 所示。

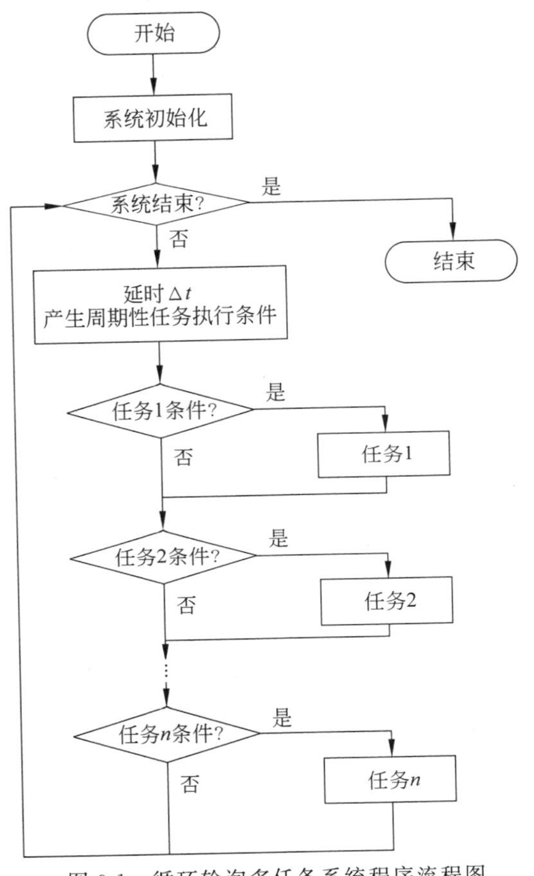

图 9.1　循环轮询多任务系统程序流程图

该类系统中周期性任务的触发条件是通过计数器记录循环次数实现的。例如某周期性任务的周期为 $n\times\Delta t$，则主循环执行 n 次触发一次该任务。

但是，每次主循环的总耗时与处于主循环中的延时 Δt 和该次循环过程中被触发的各任务的执行时间有关。虽然在循环轮询系统中将任务设计为了无阻塞的，但每个任务的执行总是需要时间的，而且每个任务每次执行所需要的时间长短是不一定的。因此，采用软件延时实现的循环轮询多任务系统的各周期性任务真实的执行周期是不准确的。

如果采用硬件定时方式为周期性任务产生条件码，则各周期性任务的条件码的产生将不再受系统中各任务的执行时间的影响，因此能得到更加准确的执行周期。使用硬件定时方式触发各周期性任务的循环轮询多任务系统的流程图如图 9.2 所示。

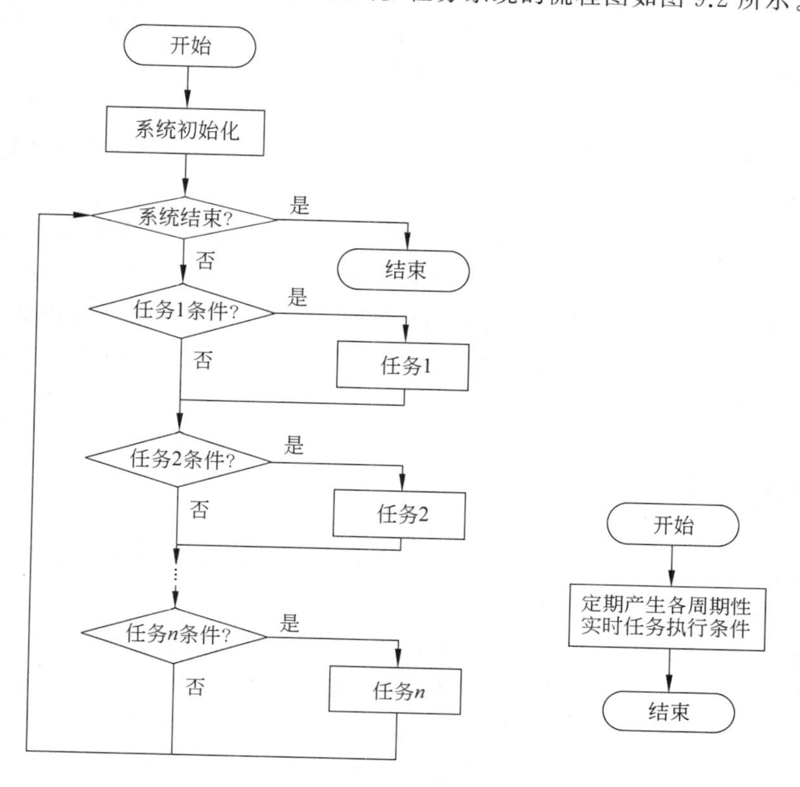

图 9.2 基于硬件定时的循环轮询多任务系统流程图

主函数中，各周期性任务的执行条件码都是由硬件定时方式执行的函数(心跳函数)[①]产生的。为表述方便，称将某个任务的执行条件置位以使主循环中使用该条件的任务得以执行的过程为触发任务的执行。由于硬件定时方式不受系统内各任务执行时间长短的影响，因此由其触发的周期性任务的执行周期比软件延时方式实现的执行周期更加准确。

9.2 系统心跳

如果在系统中设置了某一定时/计数器为定时模式，并通过设置初值等方式确定了定时周期为 Δt，并且打开了系统相关中断，则定时/计数器相关中断服务函数每经过时长为 Δt 的时间后就会定期得到执行。

① 在循环轮询系统中，设置一定固定周期的定时中断，每次中断流逝的时间都是一致的。以此为依据可以非常准确地产生系统内所有周期性实时任务的执行条件码，从而驱动整个系统的执行。因此可把该定期产生中断的现象称为“心跳”，相应的中断服务函数称为“心跳函数”。

在这个定期执行的函数中，可以仿照第6章讲述的周期性实时任务的条件码产生方式产生系统内各周期性实时任务的执行条件。由第6章可知，只要能准确地驱动系统内的所有周期性实时任务执行，同时编写好各中断函数，就可以保证系统内所有任务——无论周期性实时任务还是非周期性实时任务，都能按预定方式执行。

可以认为，这个被定期执行的函数是整个系统的驱动源泉，故将该定期产生中断以驱动整个系统运行的现象称为**系统心跳**，心跳时执行的中断服务函数称为**心跳函数**，中断周期 Δt 称为**心跳周期**。

由定时/计数器相关章节可知，设定相关参数后，定时器的定时周期 Δt 只受硬件环境——系统时钟频率变化的影响。而硬件环境相对比较稳定，因此该方式实现的系统心跳是比较稳定的。如果各周期性实时任务的触发时间点选择恰当，同时又能保证每次心跳触发的任务都能在下一次心跳到来前执行完毕，那么心跳触发的周期性实时任务的执行周期将几乎不受软件环境的影响。

9.3 心跳函数的实现

假设系统内有 n 个周期性实时任务 $t0, t1, \cdots, tn$，它们的执行周期分别为 $c0, c1, \cdots, cn$。按照第6章的分析，可得到 $c0, c1, \cdots, cn$ 的最大公约数为 Δt，每个任务的执行周期与 Δt 的倍数关系值为 $M0, M1, \cdots, MN$，其最小公倍数为 MIMCM。

例如，某系统中有5个周期性实时任务，它们的执行周期分别为 $c0=2\text{ms}$，$c1=5\text{ms}$，$c2=10\text{ms}$，$c3=100\text{ms}$，$c4=500\text{ms}$，则可选择 Δt 为 1ms，$M0=2$，$M1=5$，$M2=10$，$M3=100$，$M4=500$，MIMCM=500。设置任务开始时间点为 $T0=0$，$T1=2$，$T2=7$，$T3=13$，$T4=19$ 以尽量避开在同一时间点同时执行多个任务的情况发生。

确定心跳周期 Δt 以及各周期性实时任务相关的参数后，接下来的工作是设置定时器以达到系统心跳的需求。

由51单片机的定时/计数器相关知识可知，当定时时长 Δt 的值大于 12×256 个系统时钟周期时，定时器需选择工作方式0或1，一般选择工作方式1；当定时周期 Δt 小于或等于 12×256 个系统时钟周期时，可以选择工作方式2，以获得更加准确的定时周期。

假设系统频率为11.0592MHz，Δt 为1ms，则在 Δt 内定时器的计数次数为921，大于256个计数周期。因此需设置定时器为工作方式1，计数初值为 $65536-921=64615=$ 0xFC67。宏定义高字节计数初值 HinitVal 为 0xFC、低字节计数初值 LinitVal 为 0x67，可得系统心跳函数如下。

```
void init_timer0() interrupt 1 using 1          //1ms定时中断函数
{
    static short count=0;                       //计时变量
    TR0 =0;
    TH0 =HinitVal;
    TL0 =LinitVal;
    TR0 =1;
```

```
        count++;                              //count计一个数,过去1ms
        count %=MINCM;
        condition_t0 =( count %M0 ==T0);
        ...
        condition_tn =( count %MN ==TN) ;
    }
```

其中,condition_tx为周期性实时任务x的触发条件,宏定义Mx和Tx为周期性实时任务x的周期相关值和触发时间点相关值。需要注意的是,由于条件码的置位在心跳函数内完成,而查询条件码在主函数的主循环内完成,因此需将这些条件码定义为心跳函数和主函数均能使用的外部变量。

该应用中,若Δt为1ms,系统时钟为12MHz,则计数初值为65536－1000＝64536＝0xFC17。

9.4 基于心跳的循环轮询系统主函数的实现

由于在心跳函数中已经定时产生了各周期性实时任务的执行条件码,因此在主函数中就不需要再关心周期性实时任务条件码的产生问题,在具有心跳函数的系统内,主循环只需不断查询各周期性实时任务和各非周期性实时任务的执行条件并执行即可。在不考虑特殊的计时任务的情况下,基于心跳的循环轮询系统的主函数形式如下。

```
int main(){
/*初始化定时器以实现系统心跳*/
    TMOD =0x01;
    TH0 =HinitVal;
    TL0 =LinitVal;
    TR0 =1;
    ET0 =1;
    EA =1;
    while(1){
        if(condition_t0){condition_t0 =0;  task1();}
        ...
        if(condition_tn){condition_tn =0;  taskn();}
    }
}
```

在实际应用中,系统除了包含周期性实时任务和非周期性实时任务外,还可能包括计时任务(详见第6章)。在基于软件延时的循环轮询系统中,延时放置于主循环内,可以保证主循环至少Δt才执行一次,因此可以每循环一次就根据计时条件计一次数。但在基于心跳的系统中,主循环内没有时长Δt的延时,循环一次的时间长度只与该循环中需要执行的各任务的执行时长有关,因此很难确定循环一次所需的时间。所以在基于心跳的循环轮询系统中,计时任务的实现需要做一定的调整。

基于心跳的循环轮询系统内计时任务的实现方案有两个：(1)直接将计数任务移到心跳函数内部。这样每次心跳就意味着时间流逝了 Δt，对 Δt 的个数进行计数即可达到计时的目的；(2)将所有计时任务包装到一个周期为 Δt 的周期性实时任务内部，每次心跳触发一次该周期性实时任务。相对来说，第 2 种方案更加科学，其减少了心跳函数的复杂性，并遵循了“中断函数内只完成必要工作”的原则。

9.5 基于时钟心跳的循环系统实战——再现按键响应显示

由第 6 章可知，按键响应及数码显示系统中包含 2 个周期性实时任务：按键扫描任务和数码管扫描任务，其执行周期分别为 2ms 和 5ms，则 Δt 为 1ms，$M0=2$，$M1=5$，MIMCM=10；可设 $T0=0$，$T1=1$，即可得到基于时钟心跳的系统实现代码如下(示例工程 keyAndTube2)。

相对于第 6 章创建的工程 keyAndTube，需修改的地方有如下几方面。

(1) 在 main.c 文件起始处的宏定义区域加入 HinitVal 和 LinitVal 的定义，代码如下。

```
#define HinitVal     0xFC                  //产生心跳的计数初值高字节
#define LinitVal     0x67                  //产生心跳的计数初值低字节
```

(2) 在 main()函数前加入系统心跳相关初始化函数，代码如下。

```
/********* 系统心跳初始化  **********/
void initPulse(){
    TMOD=0x01;                             //置 T0 为 1 方式
    TH0 =HinitVal;                         //根据心跳要求设置计数初值高字节
    TL0 =LinitVal;                         //根据心跳要求设置计数初值低字节
    TR0 =1;
    ET0 =1;
    EA =1;
}
```

(3) 在 main()函数后加入系统心跳函数($T0$ 中断服务函数)，代码如下。

```
/*
T0 中断服务函数,每 Δt 执行一次,由 HinitVal 和 LinitVal 决定 Δt 长度
*/
void init_timer0() interrupt 1 using 1     //1ms 定时中断函数
{
    static short count=0;                  //计时变量
    TR0 =0;
    TH0 =HinitVal;
    TL0 =LinitVal;
    TR0 =1;
    condition_time =1;                     //计时任务条件码
    count++;                               //计一个数,过去 1ms
```

```
        count %=MINCM;                             //确保计数值在 0~MINCM-1 间循环
        condition_key = ( count %M0 ==T0);          //产生周期为 M0 * Δt 的执行条件
        condition_tube = ( count %M1 ==T1);         //产生周期为 M1 * Δt 的执行条件
    }
```

这里需要注意的是，计时任务并没有被移到心跳函数内，而是在心跳函数中产生一个计时任务的执行条件码 condition_time，在主循环中的计时任务完成计时工作。当需要计时时，每次心跳倒计时一次，直到计时置为零，做出计时后的响应。

(4) 修改 main()函数，在 while 循环中只留下任务相关代码，代码如下。

```
int main(){
    initPulse();
    tubeFillShort2Buffer(num);                      //根据 num 值填充数码管显示缓冲数组
    while(1){
        if(condition_key){condition_key =0;    keyScan();}   //按键扫描任务
        if(condition_tube){condition_tube =0;tubeScan();}    //数码管扫描任务
        if(condition_time){                          //计时任务
            condition_time =0;
            if(beepCount){                           //当蜂鸣器打开时需要计时
                beepCount--;                         //倒计时
                if(beepCount ==0)    beepOff();//倒计时结束,关闭蜂鸣器
            }
        }
        if(key1_down){key1_down =0;    task_key(1);} //响应按键 1
        if(key2_down){key2_down =0;    task_key(2);} //响应按键 2
        if(key3_down){key3_down =0;    task_key(3);} //响应按键 3
        if(key4_down){key4_down =0;    task_key(4);} //响应按键 4
    }
}
```

该代码中，while 循环内不再产生各周期性实时任务的触发条件，而周期性实时任务的触发条件由心跳函数($T0$ 的中断服务函数)定期执行后产生。由此得到的触发周期更加准确，不再受 while 循环中任务的数量以及各任务执行的时长影响。

该方式使得主循环中的任务更加简洁明了，程序更易阅读和维护。该方式还使得系统内集成多个任务以及任务之间的相互协调更加容易。对于初学者，建议多加模仿和思索，以解决系统内需集成更多任务的问题。

9.6 芯片的睡眠

通过观察 main()函数内的主循环会发现：各周期性实时任务均由心跳函数触发，而各非周期性实时任务由其他任务或中断服务函数触发(如串行口通信)。若主循环内的各任务严格按照前驱任务排放在前、后继任务排放在后的原则，那么某一次循环开始前如果没有任何周期性实时任务需要执行，也没有任何中断函数被执行，那么便意味着该次循环

就没有任何任务需要执行。

在基于心跳的循环轮询系统中，所有周期性实时任务实质上也是被定时器中断服务函数驱动的。因此只要任务排列顺序恰当，就必然出现这样的现象：**某一次循环开始前若没有中断发生，则该循环就是一次空循环**。

在空循环期间，没有任何任务需要执行，但 CPU 还会空转，此时的功耗就会被浪费。如果有一种技术能在没有任何任务需要执行时让 CPU 停止运转，则可以降低能耗，在使用蓄电池供电的应用场合将达到增强续航能力的目的。为此，芯片的睡眠模式应运而生。

不同嵌入式芯片的生产厂家所生产的芯片在低功耗方面的定义有所不同，一般根据芯片被唤醒的条件以及功耗的大小进行区分。STC 公司的 STC89C52RC 芯片有 3 个功耗级别。

(1) 掉电模式。

该模式的典型功耗为 0.5μA，只可被外部中断唤醒，中断返回后将继续执行掉电前的程序。

(2) 睡眠模式。

该模式的典型功耗为 2mA，可被任何中断唤醒，中断返回后将继续执行睡眠前的程序。

(3) 正常工作模式。

STC89C52RC 在正常工作模式下的典型功耗为 4～7mA。

3 种状态的转换关系如图 9.3 所示。

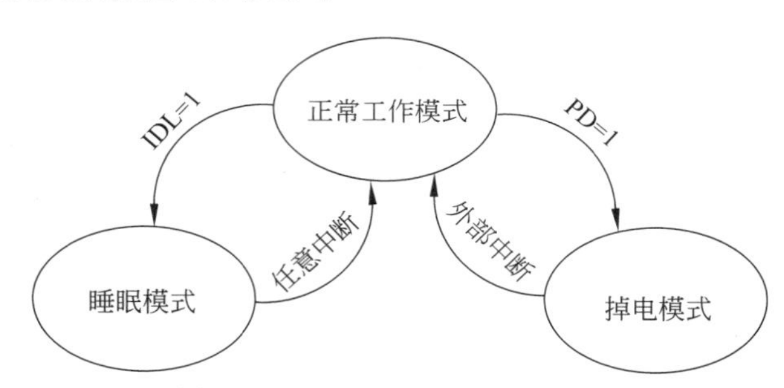

图 9.3　STC98C52RC 状态转换图

图 9.3 中的 IDL 和 PD 位为特殊功能寄存器 PCON 的第 0 位和第 1 位。由于 PCON 的 sfr 地址为 0x87，故 IDL 和 PD 位不能进行位寻址，为保证在修改对应位时不影响其他位，在操作 IDL 和 PD 时一般采用“读—修改—写”的策略。

具体操作如下。

(1) IDL 置 1：PCON |= 0x01;。

(2) PD 置 1：PCON |= 0x02;。

当芯片从“睡眠模式”或“掉电模式”回到正常工作模式时，对应的位自动被清零。

虽然“掉电模式”能最大限度地节能，但其只能被外部中断唤醒。在基于心跳的循环轮询系统中，希望时钟中断能唤醒系统，故可以在系统内没有任务需要执行时将系统置于“睡眠模式”。当系统心跳或某路中断产生时，进入相关中断服务程序，然后回到主循环继续运行。具体实现时，将所有周期性实时任务排列在主循环的起始处，然后按照任务的前驱-后继关系排列各非周期性实时任务。这样，当程序执行到主循环结束时，就意味着所有需要执行的任务都已经被执行了。所有任务排列完成后，在主循环的末尾处将系统置入“睡眠模式”，然后等待系统被其他中断或定时中断唤醒，代码如下。

```
int main(){
    …
    while(1){
        …
        PCON |=0x01;                    //置系统为睡眠模式，待任何中断唤醒
    }
}
```

在主循环中，安排完所有任务后将系统置为睡眠模式，等待中断将系统唤醒。该方式要求主循环中的所有任务都必须严格按照任务的前驱-后继关系排列，否则可能会出现后继任务被推后执行的情况。

当然，也可以不管任务的顺序，而是通过某一手段记录一次循环中是否有任务被触发。如果某次循环中没有任务被触发，就可以将系统置入睡眠模式。这样便可以确保前驱-后继关系复杂的系统在进入睡眠前执行了所有需要执行的任务。

假设系统每次心跳触发的任务平均执行时间为 $1/3\Delta t$，则平均每个心跳周期内，系统可睡眠 $2/3\Delta t$，按照正常工作模式功耗为 4mA 计算，采用睡眠模式后，芯片功耗将降低为原来的 $(1/3\Delta t \times 4\text{mA} + 2/3\Delta t \times 2\text{mA})/4\text{mA} \times \Delta t = 2/3$。据统计，在大多数系统中，每次心跳触发的任务执行时间远小于 $1/3\Delta t$，因此功耗降低会更加明显。

当在主循环末尾加入睡眠语句后，每次循环结束时，系统会进入睡眠模式，CPU 将暂停执行任何语句。当时钟中断到来时，系统执行心跳函数，然后返回主循环继续下一次循环，直到查询完所有任务的执行条件后，再一次将系统置为睡眠模式，以此循环往复，从而避免无谓的空循环。若心跳唤醒系统前由于其他中断唤醒系统，则同样也会让系统进入下一个循环。因此，该方式也能保证由于其他中断触发的任务能得到及时执行。

但如果将具有前驱-后继关系的任务顺序安排反了，则可能因为在前驱任务执行后没有及时查询到后继任务的执行条件而使系统进入睡眠模式，直到下一次被唤醒后才进入下一个循环执行后继任务，导致后继任务被推迟执行。因此需慎重安排各任务的查询顺序，或在每次循环时统计任务被触发的情况，然后再决定是否进入睡眠模式。

嵌入式开发中关于功耗的问题，还有许多因素需要考虑，如芯片的功耗级别、唤醒条件、外设电源的管理、系统频率的升降等，请读者自行查阅相关文献。同时，不同厂商所生产的芯片对低功耗的定义也有所不同，其实现方式也存在差异。读者在使用不同的芯片时，需根据芯片相关资料实现低功耗。

本章小结

本章在分析通过软件延时方式实现循环轮询多任务的缺陷的基础上，讲述了利用定时器硬件延时方式实现循环轮询多任务的优点及实现方法。硬件延时方式实现循环轮询

多任务的实质就是在软件延时方式中的一次循环中对循环次数进行计数，将产生各周期性实时任务的执行条件的工作放入由定时器产生的定时中断，以此得到更加准确的执行周期。本章在结尾处分析了循环轮询系统中所有需执行的任务在执行后可能存在的CPU空转(空循环)现象，将空循环期间的CPU置入睡眠模式能降低系统的功耗。

练习

9.1 浅谈利用软件延时方式与硬件延时方式实现循环轮询多任务的异同。

9.2 修改示例工程keyAndTube2，实现如下效果。

(1) 为降低功耗，当CPU处于空循环时置入睡眠模式。

(2) 再次实现练习6.3的功能，体会软延时与硬延时在实现循环轮询多任务过程中的差异。

9.3 使用硬件延时方式实现“秒表”，功能如下。

(1) 精确到0.1s。

(2) 可记录10个成绩。

(3) 3个按键。按键1：开始计时/结束计时。按键2：按一次记录一个成绩，记满10个成绩自动结束。按键3：翻看成绩。计时期间不能翻看成绩，翻看成绩期间按下按键1可以开始计时，开始计时后按键2才起作用。

(4) 计时期间，数码管显示从开始到现在经历的时间，单位为0.1s。翻看成绩期间显示当前顺序号成绩，第1位显示序号(0～9)，后3位显示计时值，范围为0.0～99.9。系统启动时显示9ood，计时后自动进入显示成绩状态，显示第0个成绩。

提示：可以用一个变量记录系统当前的工作状态，按键时根据工作状态做出响应。进入主循环前，将系统启动显示内容放入“显存”，然后根据需要(按键或系统计时值的改变)更新“显存”内容。

第10章 串行通信

10.1 串行通信基本概念

串行通信在嵌入式应用领域中的使用较为普遍，多用于IC及智能设备之间通信，其优点在于占用的I/O引脚少、布线简单。当通信双方相隔一定距离时，一般采用异步串行通信方式。异步串行通信是指通信双方以字符(包括特定附加位)作为数据传输单位且发送方传送字符的间隔时间不一定的串行数据传输方式。

异步串行通信将每个传输的字符加上起始位、校验位和停止位，组成一帧，其传输过程中数据的先后顺序如图10.1所示。

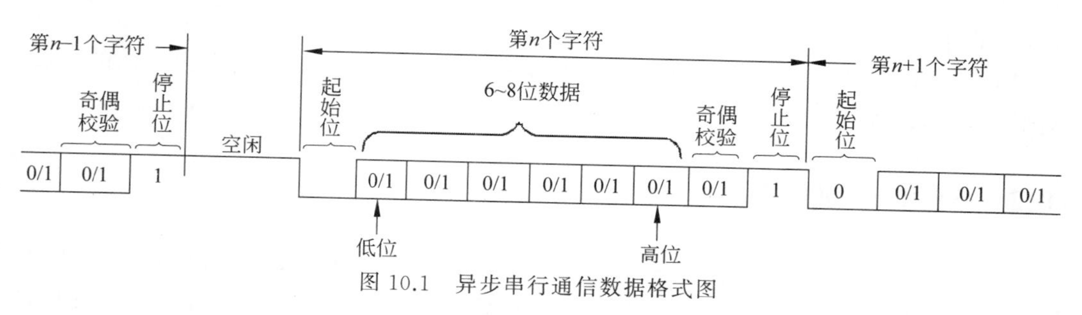

图10.1 异步串行通信数据格式图

从图10.1中可以看出，两帧数据之间的时间间隔是不确定的，在此期间，数据线上呈现为1的状态。每帧数据都由一个起始位开始，起始位的值为0，即发送方一旦将数据线从空闲态1改为0，意味着数据传输即将正式开始。1位起始位之后就开始正式传输数据，数据长度可以是6～8位，然后传输奇偶校验位，在通信线路比较可靠的应用场合可以不需要奇偶校验。数据位和校验位传送结束后，有1～2位的停止位，然后进入空闲状态或开始下一字符的传输。可以将停止位理解为两帧数据传输之间的最短时间间隔，因此当通信双方的停止位设置不一致时，一般都能正常通信。

异步串行通信中，通信双方预先需要确定的内容如下。

(1) 波特率。

波特率即每秒收发的信息元的位数，包括1位起始位信息元、多位数据位信息元、停止位信息元等。异步通信的波特率间接地确定了每个收发的位维持的时间长度。常用的波特率有1200b/s、2400b/s、4800b/s等，如果发送方的发送波特率为1200b/s，则接收方也必须按1200b/s的波特率接收才能正确地接收数据。假设某应用中发送方以1200b/s的波特率发送数据，而接收方以2400b/s的波特率接收数据，则发送方发送1位数据期间，接收方从线路上接收2次数据，这必然会导致收发数据不一致。

(2) 数据位数。

一个异步串行通信帧包含的有效数据的位数可以为6～8位，因此在串行通信前，通信双方必须明确一帧中有效数据的位数。常用的有效数据位数为8位，同样，通信双方设定的异步通信数据位的位数也必须一致才能正常通信。

（3）奇偶校验。

奇偶校验指对一帧中的数据位进行奇校验或偶校验，可以有3种选择：无校验、奇校验和偶校验。一般情况下，通信双方的校验方式必须一致才能通信。理论上，发送方有校验而接收方无校验也能完成通信。如果接收方有校验，则发送方的校验方式必须和接收方一致才能正常通信。在一些要求不严格的场合，校验方式不一致也能通信。为保证通信的可靠性，最好保证通信双方的校验方式一致。

（4）停止位位数。

正如前面所述，停止位的作用是规定两帧之间的最短时间间隔。一般情况下，停止位的选择有3种：1停止位、1.5停止位和2停止位。大多数情况下，在非连续收发数据的应用场合，通信双方停止位的设置即使不一致也能通信。但为确保多帧的连续通信也能正常进行，最好将通信双方的停止位位数设置成一致的。发送方的停止位数量大于或等于接收方的停止位数量是不影响通信的。

因此，不论哪种应该场合，只要涉及异步串行通信，就必须考虑以上四个方面的因素，以确保通信能正常进行。

10.2 51单片机串行口

51单片机串行通信口支持的异步串行通信停止位的位数是固定的，只有1位；同时数据位也是固定的8位。因此在设置51单片机异步串行通信时需要设置的参数就只有波特率和校验位了。

51单片机串行通信涉及的寄存器有3个：SBUF、SCON和PCON，通信内部逻辑图如图10.2所示。

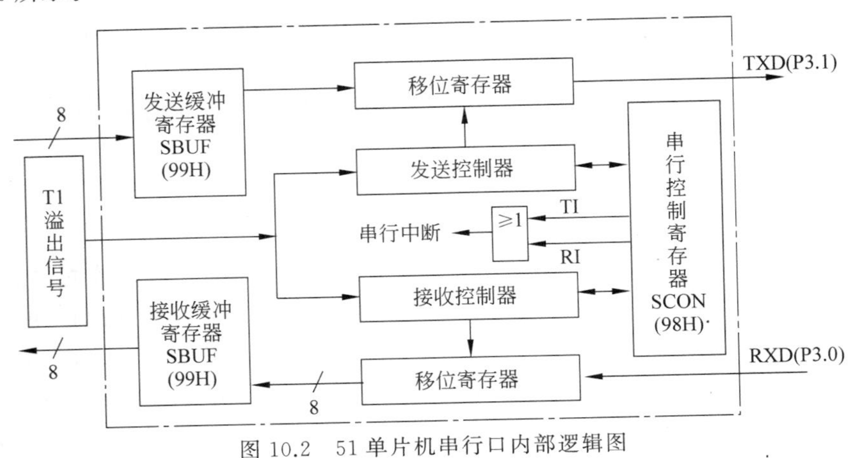

图10.2　51单片机串行口内部逻辑图

（1）串行缓冲寄存器SBUF。

SBUF的sfr地址为0x99，在“<reg51.h>”中的定义为“sfr SBUF＝0x99”。从

图 10.2 中可以看出，接收缓冲寄存器和发送缓冲寄存器的地址都是 0x99，名称都是 SBUF。当从 0x99 读数据时，操作的是接收缓冲寄存器。如代码“a＝SBUF”的功能为从接收缓冲器获取数据并存入变量 a 中；当向 0x99 写数据时，操作的是发送缓冲寄存器，即代码“SBUF＝a”的功能为将变量 a 写入发送缓冲寄存器，使其从串行口发送出去。

当串口发送数据时，只需将需要发送的 8 位数据写入 SBUF，串口便会自动将 SBUF 中的数据包装成串行通信的帧，然后从串行线路发送出去。若将串行口接收数据功能打开，且串行线路上有数据输入，则串口将收到的数据帧中的有效数据存入 SBUF，从 SUBF 读取的数据即为串行线路上收到的数据。

（2）串行通信控制寄存器 SCON。

SCON 的 sfr 地址为 0x98，二进制地址低 3 位为 0，因此可以对 SCON 的每一位进行位寻址。在“<reg52.h>”中，SCON 的相关定义如下。

```
sfr SCON  =0x98;
/*  SCON  */
sbit SM0  =SCON^7;
sbit SM1  =SCON^6;
sbit SM2  =SCON^5;
sbit REN  =SCON^4;
sbit TB8  =SCON^3;
sbit RB8  =SCON^2;
sbit TI   =SCON^1;
sbit RI   =SCON^0;
```

SCON 的每一位功能简称以及位地址如表 10.1 所示。

表 10.1 SCON 功能

位序号	D7	D6	D5	D4	D3	D2	D1	D0
功能简称	SM0	SM1	SM2	REN	TB8	RB8	TI	RI
位地址	0x9F	0x9E	0x9D	0x9C	0x9B	0x9A	0x99	0x98

其中各位的功能如下。

① SM0 和 SM1。

SM0 和 SM1 共同决定串行口的工作方式，如表 10.2 所示。

表 10.2 串行口工作方式

SM0	SM1	工作方式	工作方式说明
0	0	工作方式 0	同步移位寄存器方式，当 I/O 口不够时用该方式扩展 I/O 口
0	1	工作方式 1	8 位异步收发，波特率由定时器 1 的溢出率决定
1	0	工作方式 2	9 位异步收发，波特率为 $f_{osc}/64$ 或 $f_{osc}/32$
1	1	工作方式 3	9 位异步收发，波特率由定时器 1 的溢出率决定

工作方式 2 和工作方式 3 涉及第 8 位数据的收发。当需要发送第 8 位数据时，将第 8 位数据放入 TB8(SCON 的 D2)；当接收数据时，从 RB8(SCON 的 D3)中获取第 8 位数据。

② SM2。

SM2 用于控制多机通信，其具体作用如下。

当串行口以工作方式 2 或工作方式 3 接收时，如果 SM2＝1，则只有当接收到的第 9 位数据(RB8)为 1 时才将接收到的前 8 位数据送入 SBUF 并置 RI 为 1；当接收到的第 9 位数据(RB8)为 0 时，则将接收到的前 8 位数据丢弃。如果 SM2＝0，则不论第 9 位数据是 1 还是 0，都将前 8 位数据送入 SBUF，并置 RI 为 1。

当串行口以工作方式 1 接收数据时，如果 SM2＝1，则只有收到停止位时才会置 RI 为 1。如果 SM2＝0，则串口收到 8 位数据后就会置 RI 为 1。当串行口工作在工作方式 0 时，SM2 必须保持默认值 0。

多机通信的连接方式如图 10.3 所示。在一些抄表应用中经常采用该方式实现由一个抄表主机对多个从机完成抄表。

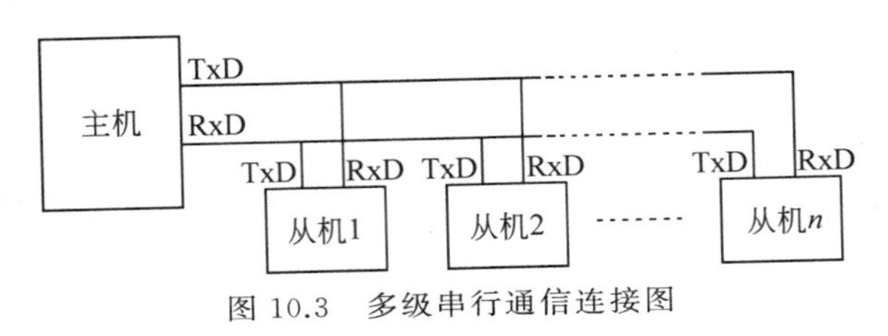

图 10.3 多级串行通信连接图

多机通信应用中，主机和从机都工作在工作方式 2 或 3 下。空闲时各从机的 SM2 为 1。当主机需要和某一从机通信时必须先发送从机地址，且 TB8 为 1。此时所有从机都能收到地址信息。从机把收到的地址和自身地址进行对比，如果一致，则将自身的 SM2 设为 0。主机之后发送的数据 TB8 均为 0，此时只有被寻址到的从机才能收到数据，通信结束后从机再次将自身的 SM2 设为 1。

③ REN。

串行通信接收使能位，当该位为 0 时，即使在 RxD 引脚上有数据到达，也不会被接收，只有该位为 1 时，串行口才会从 RxD 引脚接收数据。因此，在应用中如果需要从串行口接收数据，则必须将该位置 1。

④ TB8 和 RB8。

若串行口工作在工作方式 2 或 3 下，则在发送数据时，TB8 用于发送第 8 位数据，SBUF 用于发送第 0～7 位数据；在接收数据时，RB8 用于接收第 8 位数据，SBUF 用于接收第 0～7 位数据。

⑤ TI 和 RI。

当一帧数据发送结束时，TI 被置 1；当收到一帧完整的数据时，RI 被置 1。只要 TI 或 RI 其中之一被置 1，都可能触发串行中断，前提条件是 ES 和 EA 都被置 1(请参见中断相关内容)。需要注意的是，当响应串行口中断时，TI 和 RI 不会被硬件清零。若在中断服务程序中没有对其复位，则退出中断后会再次进入中断。也因为这一特性，进入中断后，可以通过查询 TI 和 RI 确定引起中断的原因（接收到完整的数据或数据发送完成），进而完成相应的操作。

（3）功率控制寄存器 PCON。

第 9 章曾经使用 PCON 实现功耗相关的操作，其 sfr 地址为 0x87，在“<reg51.h>”中的定义为“sfr PCON=0x97”，该寄存器不能进行位寻址，其位功能如表 10.3 所示。

表 10.3 PCON 位功能

PCON	D7	D6	D5	D4	D3	D2	D1	D0
位符号	SMOD	—	LVDF	POF	GF1	GF0	PD	IDL

其中与串行通信有关的位为 SMOD(D7)，默认值为 0。其他位的功能与功率控制有关，在此不做讨论。由于 PCON 寄存器不能进行位寻址，为了不影响其他各位的值，所以在使用中最好采用“读—修改—写”的方式设置 SMOD 位的值。如下代码为采用“读—修改—写”的方式设置 SMOD 位为 1。

```
a=PCON;
a|=0x80;
PCON=a;
```

这样，在保证寄存器 PCON 其他位内容不变的情况下，可以修改 SMOD 位为 1。SMOD 用于设置串行通信波特率的翻倍，其具体功能如表 10.4 所示。

表 10.4 SMOD 与波特率的关系

SMOD	工作方式 1 和 3 的波特率	工作方式 2 的波特率
0	定时器 T1 的溢出率/32	$f_{osc}/64$（f_{osc}为系统时钟频率）
1	定时器 T1 的溢出率/16	$f_{osc}/32$

综上所述，51 单片机串行通信的必要参数设置如下：①通过 SM0 和 SM1 设置工作方式，间接确定通信中的数据位数（8～9 位），同时也确定了波特率的控制方式（T1 溢出率、系统时钟），PCON 的 SMOD 位决定波特率是否可以翻倍；②51 单片机无须设置停止位，而 51 单片机的奇偶校验需程序员通过收发第 8 位数据的方式进行设置。

10.3 波特率的设置

从 10.2 节可知，当 51 单片机的串口工作在工作方式 1 和 3 时，传输波特率为 $\frac{2^{SMOD}\times \text{T1 溢出率}}{32}$，可以推算出 T1 应有的溢出率（每秒的溢出次数）为$\frac{\text{波特率}\times 32}{2^{SMOD}}$。若系统时钟频率为 f_{osc}，则 T1 的计数频率为$\frac{f_{osc}}{12}$（参见定时器相关内容）。因此，T1 每溢出一次的计数次数为$\frac{f_{osc}\times 2^{SMOD}}{12\times 波特率\times 32}$，该值一般都小于256。由于定时/计数器工作在工作方式2时定时最准确且无须重置初值，因此作为波特率发生器使用时，定时/计数器一般设置为工作方式2，溢出值为256。因此，为产生串行通信需要的溢出率，可将T1的计数初值设为$256-\frac{f_{osc}\times 2^{SMOD}}{12\times 波特率\times 32}$。当$f_{osc}$为11.0592MHz时，一定范围内的常用波特率对应的计数初值刚好是整数。根据以上计算公式，可得常用波特率与计数初值对照如表10.5所示。

表10.5　常用波特率与计数初值对照

波特率/(b·s^{-1})	f_{osc}=11.0592MHz		f_{osc}=12MHz	
	SMOD=0	SMOD=1	SMOD=0	SMOD=1
1200	232	208	229.9583333	203.9166667
2400	244	232	242.9791667	229.9583333
4800	250	244	249.4895833	242.9791667
9600	253	250	252.7447917	249.4895833
19200		253		
57600		255		

从表10.5中可以发现，当系统时钟为11.0592MHz时，波特率最高可达57600。当系统时钟为12MHz时，置初值时四舍五入会引入误差，一般只适合较低的波特率(1200b/s或2400b/s)，波特率太高时相对误差太大，无法正常通信。

根据以上分析，可得到串口初始化代码如下。

```
#define BAUD_RATE_INITIAL    255  //波特率对应的计数初值,修改该值可改变通信波特率
void serialInit(){
    unsigned char a;
    /* 以"读-修改-写"的方式修改 TMOD,以置 T1 为工作方式 2 定时模式,TR1 触发计数 */
    a = TMOD;
    a &= 0x0F;
    a |= 0x20;
    TMOD = a;
    TH1 = TL1 = BAUD_RATE_INITIAL;  //设置计数初值以实现相应的波特率
    TR1 = 1;
    /* 设置串口工作方式为工作方式 1:8 数据位波特率由 T1 溢出率确定模式 */
    SM0 = 0;
    SM1 = 1;
    PCON |= 0x80;                   //波特率加倍位设置,注释掉此代码波特率不加倍
}
```

代码中的宏定义BAUD_RATE_INITIAL值会直接影响通信的波特率，可参考表

10.5 修改通信波特率。PCON 相关操作可以设定波特率翻倍，与 BAUD_RATE_INITIAL 共同决定通信波特率。其中，SM0 和 SM1 可以设置串口工作方式，可以根据需要对其进行修改。

10.4 数据的发送

由于串口收发数据的波特率与 MCU 读写数据的波特率不匹配，因此在写 SBUF 前，应查询数据是否收发完成。使用串口发送数据时，必须确保之前的串口数据已经发送完毕，若之前的数据还没有发送完毕就改写 SBUF，则会导致发送的数据出错；通过串口接收数据时，首先要确保串口已经接收到了一个完整的帧，否则从 SBUF 中读出的数据将是无效的。特殊功能寄存器 SCON 中的 TI 位和 RI 位正是用于查询数据是否收发完成的。

应用中若只需发送一帧数据，且在发送数据前足够的时间内（波特率为 1200b/s 时，约 10ms）没有发送数据，则可直接把需要发送的数据放入 SBUF。若需连续发送多个数据，则必须查询 TI 位标志，以确保之前发送任务已经完成。由于 TI 位是可以触发中断的，因此数据发送有两种方式：程序查询方式和程序中断方式。

10.4.1 程序查询方式发送数据

程序查询方式的程序思路简单清晰，容易理解也容易实现，其基本思路就是根据“TI 位被置 1 标志着一个数据帧发送完成”这一特点，在需要发送数据时不断查询 TI 值，以实现连续发送数据。这里需要注意的是，串口初始状态下 TI 值为 0，因此发送数据前必须等到 TI 值为 1 时才发送数据的思路是不可取的。如果没有使用过串口发送数据，正常情况下 TI 值是一直为 0 的，因此采用查询方式发送数据时可以有如下两种思路。

（1）发送第一个数据时不用查询 TI，直接将需要发送的数据写入 SBUF；之后的每一个数据在发送前先查询 TI，直到 TI 值为 1，复位 TI 后将需要发送的数据写入 SBUF。该方法需要发送数据时再查询 TI，简称查询条件发送。除初始化后发送的第一个字符外，其余发送数据的代码如下。

```
/*通过串口发送 n 个存放于 p 指向内存中的字符*/
void serialSend(char *p, char n){
    while(n--){                  //连续发送 n 个字符
        while(!TI);              //等待之前的数据发送完毕
        TI=0;                    //清除 TI 标志
        SBUF=*p;                 //将数据放入发送缓冲区
        p++;                     //移动指针
    }
}
```

（2）发送每一个数据前都不用查询 TI 标志，直接将需要发送的数据放入 SBUF，然后一直查询 TI，直到 TI 被置位后，复位 TI 后再结束本次数据发送工作。即每次发送数据时都等待数据发送完成后再离开，简称**监督发送方式**。发送数据的代码如下。

```
/*以监督发送方式通过串口发送n个存放于P所指内存中的字符*/
void serialSend(char *p, char n){
    while(n--){                     //连续发送n个字符
        SBUF=*p;                    //将数据放入发送缓冲区
        p++;                        //移动指针
        while(!TI);                 //等待当前数据发送完毕
        TI=0;                       //清除TI标志
    }
}
```

第一种方式相对容易理解，串口初始化后TI标志为0，若发送第一个字符时也需要等到TI为1后再发送，则必将出现永远等不到条件的情况。一般的处理办法为初始化串行口后立即向SBUF中放入一个无意义的字符，目的在于产生TI标志。之后发送的每一个字符都以TI标志为发送条件即可。

本书更倾向于使用第二种方式，该方式下，不论何时发送数据，都是先直接将所需发送的数据写入SBUF，然后等待该字符发送完毕后再离开发送程序，以保证每一次需要发送数据时串口均处于发送空闲状态。

示例工程serial01采用了监督发送方式，实现的效果为：每秒从串口发送一次数据，交替发送的内容为“I'm 51 SCM”和“This is UART”。

示例工程将发送第一个字符串和第二个字符串的工作放入2个周期为2秒的周期性实时任务中，计时值count计到1秒时发送第一个字符串；计到2秒时发送第二个字符串，以此往复。

实验基本步骤如下。

(1) 在PC中使用Keil4打开工程目录serial01下的子目录project中的工程serial01，根据表10.5修改宏定义BAUD_RATE_INITIAL的值以设定51单片机的串行通信波特率，然后进行编译。

注意：波特率设置时的计数初值与51单片机的晶振频率有关；若晶振频率为12MHz，由于初值的四舍五入导致了误差的产生，因此波特率较高时相对误差较大，通信可能不成功。

(2) 打开烧录软件，如STC-ISP，完成代码的烧录。

(3) 打开串口调试助手，设置串口、波特率和校验，查看接收到的数据。在一切正常的情况下，串口调试助手的接收数据显示区内会每秒增加一个字符串。

这里以XCOM V2.0为例，其运行界面如图10.4所示。

在图10.4中①处选择PC与51单片机通信的串口，其应该和烧录代码使用的串口一致。由于串口属于临界资源，某段时间内只能被某一个任务使用，因此串口调试助手在打开串口后(如果串口没有被其他软件占用，则串口调试助手在启动时默认已打开串口)，若需要再次使用烧录软件下载代码，则可能出现如图10.5所示的“串口打开失败”的错误发生。

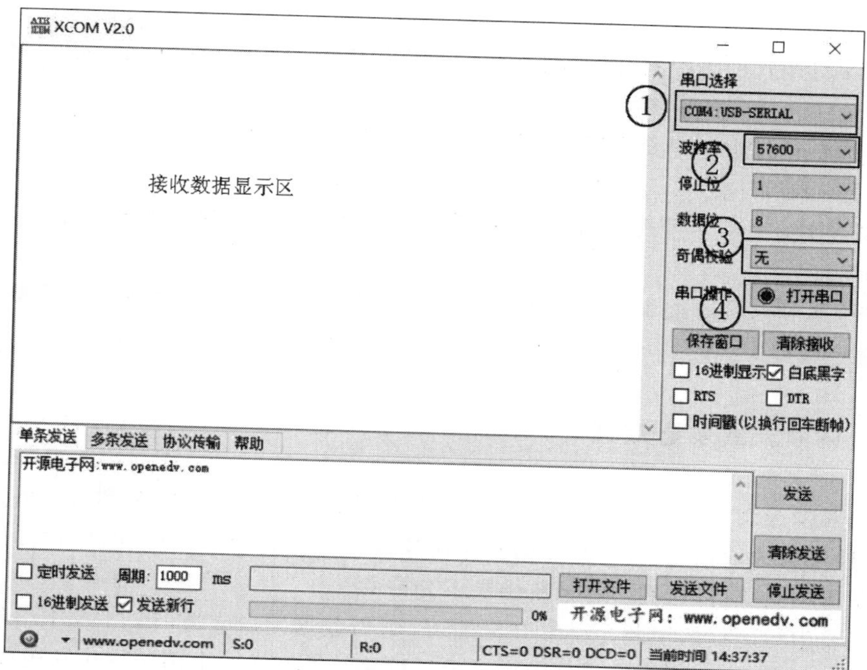

图 10.4 串口调试助手

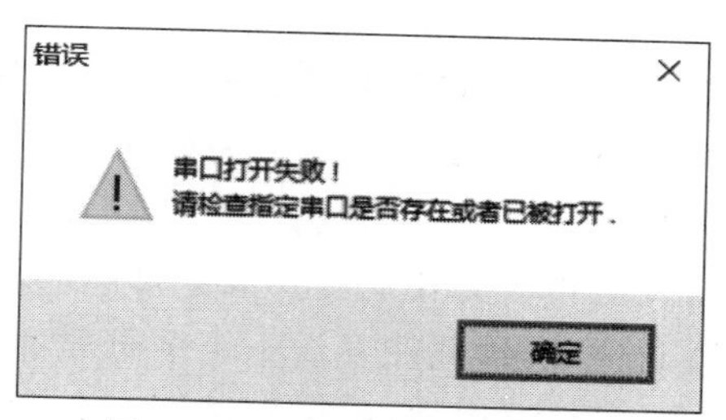

图 10.5 串口打开失败提示框

其原因在于串口调试助手已经打开了串口,此时串口已被串口调试助手占用。烧录软件在下载代码时也需要占用串口,因此就出现了在烧录软件中无法打开串口的现象。

在使用串口调试助手时,正确的代码烧录步骤如下。

(1) 先在串口调试助手中单击图 10.4 中④处的"关闭串口"按钮,使其变为"打开串口"状态,这样串口调试助手便解除了对串口的占用。

(2) 使用 ISP 软件完成代码下载。ISP 软件在代码下载期间会占用串口,下载完毕后将自动解除对串口的占用。

(3) 单击图 10.4 中④处的"打开串口"按钮,使其变为"关闭串口"状态,串口调试助手再次占用串口,之后便可以正常与 51 单片机进行通信了。

注意事项如下。

(1) 串口一定要选择正确,在图 10.4 中①处的下拉列表中选择。

(2) 51 单片机中设置的串口波特率应和串口调试助手中的波特率(图 10.4 中②处)

一致。

(3) 串口调试助手中的奇偶校验应与51单片机中的奇偶校验设置一致。本实验无校验位(图10.4中③的位置)。

(4) 通信过程中一定要确保串口调试助手已经打开了串口,即图10.4中④的位置显示为“关闭串口”状态。

如果在实验过程中发现通信不成功,则应在确保程序正常执行的前提下认真检查以上注意事项。

注意: 本章后续示例工程均涉及使用串口下载程序后使用串口通信的问题,请参照本示例进行操作。

10.4.2 中断方式发送数据

使用程序查询方式发送数据的好处是程序结构简单、程序易读、易实现。但在该方式下,当需要发送的数据比较多时,数据发送任务执行的时间较长,可能会导致其他急需执行的任务得不到执行,这在实时系统中是不允许的。

如果将串行通信的中断允许位(ES)打开,则当数据发送完成时,TI置1将触发串行中断,可以在中断服务程序中根据需要完成后续字符的发送。采用该方式发送数据时,只需将发送的数据放入SBUF后即可处理其他事务,从而避免在串口发送一个字符期间空等的现象发生。

采用中断方式发送数据时,发送字符串的函数中无须等待字符串发送完毕,只需对一些必要的参数进行设置并向SBUF中放入第一个需发送的字符即可。后续字符的发送均可以交给中断服务程序完成。

由于程序返回后可能很快会再次需要发送其他字符串,而在发送新的字符串前又不敢保证之前的字符串已经发送完成,因此在发送一个字符串前应加入判断串口是否忙的机制。具体方式有两种:①经过科学规划,确保发送第二个字符串前第一个字符串已经发送完毕;②通过标记和查询串口发送忙状态保障字符串发送的完整性。

在一些大型系统中,如果有操作系统作为支撑,则一般会将串口作为临界资源使用,以此确保每一个字串发送的完整性。

在51系统中,由于任务数较少,同时也没有操作系统作为底层支撑,因此一般都会科学地规划串口发送,以确保每个字符串发送的完整性,因此在后面的串口通信示例中,在发送一个字符串时并不会查看串口当前的发送状态。

采用中断方式发送数据时,需要完成两段代码:发送字符串的函数和串口中断服务函数。

1. 发送字符串函数

如果系统采用中断方式发送数据,则发送字符串函数主要完成以下工作。

(1) 将第一个字符放入发送缓冲寄存器,无须等待其发送完成。该步骤的主要作用是触发整个字符串的发送。由于第一个字符在发送完成后将引起串口中断,因此后续字符的发送只需在中断服务中完成即可。

（2）为中断服务程序完成后续发送做准备，主要准备内容有：待发送字符串的首指针；待发送的字符数。

因此可得到发送字符串函数如下。

```
/*以中断发送方式通过串口发送 n 个存放于 P 所指内存中的字符*/
void serialSend(char *p, char n){
    sendPoint =p;                    //待发送字符串首地址
    sendNumber =n-1;                 //发送首字符后剩余发送字符数为 n-1
    SBUF = *sendPoint;               //发送 sendPoint 指向的字符
    sendPoint++;                     //移动指针,为下一次发送做准备
}
```

2. 串行中断服务函数

引起串行中断的原因有两个：帧发送完成（TI 标志）和接收到完整的帧（RI 标志）。因此在进入中断服务程序后，首先要做的就是查询 TI 和 RI，然后根据引起中断的原因进行处理。

在对 TI 标志进行处理时，需要完成以下操作。

（1）清零 TI，由于 TI 标志不会硬件清零，因此为避免因为一次发送数据引起多次中断，在离开中断服务前应先将 TI 标志为复位（TI=0）。

（2）根据待发送字符数或待发送字符是否为'\0'，检查是否还有需要发送的字符，如果有，则将待发送字符串首地址所指字符放入 SBUF，移动指针并将待发送字符数减 1。

由此可得到专门用于发送数据的串口中断服务的程序代码如下。

```
/*串口中断服务函数
全局变量 sendPoint:待发送字符串首地址
全局变量 sendNumber:待发送字符数
若字符串已结束——sendPoint 指向字符为'\0',即使 sendNumber 不为零也结束发送
*/
void init_serial()interrupt 4 using 2
{
    if(TI){
        TI=0;                                          //清除 TI 标志,防止再次触发中断
        if(sendNumber >0 && ((*sendPoint) !=0 )){     //是否还有数据需要发送
            SBUF = *sendPoint;                         //发送 sendPoint 指向的字符
            sendPoint++;                               //移动指针
            sendNumber--;                              //剩余发送字符数减 1
        }
    }
    if(RI) RI =0;                                      //清除 RI 标志,防止再次触发中断
}
```

使用中断方式发送字符和查询方式发送字符串时，主函数代码几乎没有变化。查询

方式发送字符串时，发送函数会被阻塞，而使用中断方式发送字符串时，发送函数不会被阻塞。

为方便代码的复用，可将串口初始化，串口发送字符串以及串口中断服务函数存放于一个C文件中，在对应的".h"文件中配置相应的参数，声明相应的函数和外部变量。工程serial02为利用中断方式发送字符串的示例，请读者自行查阅。

需要注意的是，由于使用中断方式发送数据时，发送函数不会被阻塞，串口资源属于临界资源，系统并没有对临界资源进行管理，因此需要程序员保证在新的一次数据发送前已经结束了上一次发送的过程，否则会导致上一次发送的字符串不完整。

注意：如果在系统中引入临界资源管理功能，则将增加系统的复杂性。在51系统中，通常任务数比较少，因此不建议因引入资源管理功能而增加系统的复杂性及降低系统的可靠性。

示例工程中，发送数据是以字符串是否结束以及指定字符数是否发送完为结束标志的。在应用中可以只使用一个结束依据，例如发送字符串时不指定长度，直到整个字符串发送完毕（遇到'\0'）才结束发送过程，这样发送字符串函数serialSend就只需要接收一个参数即可，同时serialSend函数和中断服务函数的内部也可以减少字符数计数的相关操作。

10.5 串口数据接收

51单片机中，若需要使用串行口接收数据，则需要将寄存器SCON中的REN置位，即执行代码"REN＝1"。当REN被置位后，出现在RxD引脚上的串行数据就会被接收。当接收到一个完整的串行帧时，RI被置位，进而可能引起串行中断（在EA位和ES位都被置位的前提下）。

当串行口接收数据时，若收到的数据没有被及时取走，而又收到一个完整的数据帧，则SBUF中的内容会被最新一帧数据覆盖。因此采用查询方式接收数据时，必须保证在下一个帧接收完成前取走SBUF中的数据，该要求在系统中存在多个任务的情况下是很难保证的。因此除非任务非常少，采用串口接收数据时最好以中断方式完成数据的转移工作（从SBUF中取出，放入RAM）。

串行通信中，接收一个字符是非常简单的，只需在RI被置位后从SBUF中取走数据并复位RI即可。由于通信中一般是以数据包（由表达一个完整意义的若干字符组成）为单位传输的，独立的字符在通信中并没有意义，而串行通信中的一个帧只包含一个字符，因此采用串行口接收数据时，如何将串行口接收到的独立字符组织成完整的数据包是需要考虑的事情。

串行口接收数据组包的方法有以下两种。

1. 按时间组包

最简单的组包方法就是根据两帧之间的时间间隔进行判断。在波特率为1200b/s时，串口收发一帧数据所需要的时间约为10ms。若两帧的时间间隔小于20ms，则可认为这两帧属于一个数据包；若在收到一个完整的帧后经过了20ms或更久没有新的帧达到，就可以认为当前数据包接收结束，可以将其交给主循环中的任务对完整的数据包进行处理。例如，判读其是否为某一特殊字符串。

2. 按协议组包

假设在某个应用中规定了数据包"\r\n"结束，当连续接收到字符'\r'和'\n'后，即可认为数据包已完整接收；如果收到一部分数据后，长时间(20ms或更多)收不到新的数据，则认为收到的是无效数据。一些通信协议会规定一个数据包以某个特殊的字符或字符串开始，以某个特殊的字符或字符串结束。

示例工程serial03需要实现的系统功能如下。

(1) 通信波特率设为57 600b/s。

(2) 每秒定期从串行口输出“I'm working! \r\n”。

(3) 若收到以"\r\n"结尾的完整的数据包，则立即从串行口发回去。

(4) 若接收数据超过28字节还未收到包结束标志，则认为数据包已经接收完整，自动在包尾加上"\r\n"，并通过串行口发回去。

(5) 若数据包接收过程中两帧时间间隔超过3ms，则放弃已接收到的数据。

根据要求可将系统细分为两个任务：任务一为执行周期为1s的周期性实时任务，其作用为定期从串口发送字符串“I'm working! \r\n”；任务二是一个由串口接收到完整数据包触发的非周期性实时任务，用于将接收到的数据包从串口发送出去。由于系统内有一个计时任务，其时间长度为3ms，因此可将系统心跳周期设定为1ms。本系统的心跳函数如下。

```
void init_timer0() interrupt 1 using 1
{
    TR0 =0;
    TH0 =HinitVal;                    //根据心跳要求设置计数初值高字节
    TL0 =LinitVal;                    //根据心跳要求设置计数初值低字节
    TR0 =1;
    f_pulse =1;
}
```

其中，宏定义HinitVal、LinitVal值与心跳周期为1ms对应。本示例中，在接收到字符串后回送字符串，因此希望回送字符串后延时1s再执行需要周期性发送字符串的任务，所以把周期性任务的周期产生改成通过计时任务的形式实现，其优点在于可以随时让计时任务重新开始计时，因此在心跳函数内只需为计时任务提供心跳f_pulse即可。

心跳函数实现后，主函数中需要完成行周期为1s的周期任务的驱动和串口接收的计时问题，其主函数代码如下。

```
int main(){
    initPulse();                      //初始化系统心跳
    serialInit();                     //初始化串口
```

```
    while(1){
        if(s_rcvSuccessed){
            s_rcvSuccessed =0;                      //复位接收成功标志
            serialSend(rcvBuffer, rcvLength);       //把数据包发送出去
            rcvPoint =0;                            //接收数据指针复位
            secCountInit();                         //推迟产生 1s 标志
        }
        if(f_pulse){
            f_pulse =0;
            serialCountdown();                      //串口倒计时
            if(secCount){                           //1s 任务倒计时,置 1s 标志,以发送
                                                    //第一个字符

                secCount--;
                if(secCount ==0){
                    serialSend("I'm working\r\n",13);;
                    secCountInit();                 //继续下一个倒计时周期
                }
            }
        }
        sysSleep();                                 //进入睡眠模式,待中断唤醒
    }
}
```

其中,secCountInit()为宏定义伪函数"# define secCountInit() secCount = MINCM",MINCM为宏定义常量1000;serialCountdown()为串口倒计时函数,在串口相应的C文件中实现,具体代码如下。

```
void serialCountdown(){
    if(serialCount){                    //串口接收计时值非零,则需要计时
        serialCount--;
        if(serialCount ==0){            //超时,放弃已接收数据
            rcvPoint =0;                //超时丢弃已接收数据
            s_rcvEnter =0;              //清除可能的接收到'\r'标志
        }
    }
}
```

为防止在刚回送数据包后立即需要发送周期性数据,应在回送数据包后将1s倒计时值复位,使得每秒发送数据的任务在回送数据后推迟1s再执行,但这样做也无法完整避免两个任务同时需要发送数据的问题发生。例如,可能刚发送完周期性的数据就立即需要回送数据包。如果要解决多个任务可能同时需要使用串口发送数据的问题,则需要引入任务推后执行技术或循环缓冲技术,本书暂不展开讨论。

本示例中,重点代码在串口接收数据并组包的部分主要在串口中断函数中,主要工作包括:

(1) 发送字符串(10.3 节已经讲述);

(2) 接收字符,完成组包。

主要代码如下。

```
void int_serial() interrupt 4 using 2
{
    if(TI){…}
    if(RI){
        RI =0;                              //清除 RI 标志,防止再次中断
        rcvBuffer[rcvPoint] =SBUF;          //从 SBUF 接收数据
        if(rcvBuffer[rcvPoint]=='\n'){
            if(s_rcvEnter){
                s_rcvSuccessed =1;          //连续接收到\r\n,组包完成
            }
        }
        else {
            if(rcvBuffer[rcvPoint]=='\r'){
                s_rcvEnter =1;
                if(rcvPoint >=27){
                    rcvBuffer[++rcvPoint] ='\n';
                    s_rcvSuccessed =1;
                }
            }
            else{
                if(rcvPoint >=27){
                    rcvBuffer[++rcvPoint] ='\r';
                    rcvBuffer[++rcvPoint] ='\n';
                    s_rcvSuccessed =1;
                }
            }
        }
        if(s_rcvSuccessed){                 //如果组包完成
            rcvLength =rcvPoint+1;          //则记录数据包长度
            rcvPoint =0;                    //接收指针复位
            s_rcvEnter =0;                  //接收\r 标识复位
            serialCount =0;                 //停止接收计时
        }
        else{
            rcvPoint++;                     //移动接收指针,为接收下一个数据做准备
            serialCount =INIT_RCVVAL;       //启动新一轮接收计时
        }
    }
}
```

其中,将 serialCount 置为非零值则启动接收计时,置零则停止接收计时。由于变量

serialCount 为 8 位变量，而 51 单片机中对 8 位变量的增 1 和减 1 处理只需要 1 条指令，虽然变量 serialCount 会被主循环中的任务和中断服务函数修改，但可以不将其看作**临界变量**[①]，因此本示例没有对其进行特殊处理。

当变量超过 8 位时，51 单片机无法通过一条指令完成增 1、减 1 及赋值操作，同时在中断函数和主循环中访问时必须作为临界变量处理。最简单的处理临界变量的办法就是在修改临界变量前关闭系统中断，修改后再打开系统中断。

10.6 串行通信中的奇偶校验

在近距离串口通信中，一般无须进行奇偶校验。当传输距离较远时，为确保通信数据的正确性，可以加入奇偶校验和 CRC 校验。关于 CRC 校验，请读者自行查阅相关文献，组包时校验出错的处理与上层通信协议有关，可能是直接丢弃正在接收的数据包，也可能是发送出错重发信息。

一些高级嵌入式芯片的奇偶校验可以由通信接口自动完成，而 51 单片机的串行口并没有奇偶校验功能。本节将讲述在 51 单片机串行通信中如何通过通信的第 8 位（RB8、TB8）实现发送和接收的奇偶校验。

由于串行通信中使用奇偶校验时需要用到通信的第 8 位，因此需使用 51 串口的工作方式 2 或工作方式 3。工作方式 2 更多用于机机通信，故本节将以工作方式 3 下的偶校验为例讲述 51 串口通信的奇偶校验。

在讲述奇偶校验前，先了解 51 的特殊功能寄存器 ACC 以及 PSW 的 P 位。特殊功能寄存器 ACC 是 51 单片机的累加器，用于存放运算结果。PSW 为 51 单片机的程序状态字，用于反映单片机的运算状态。PSW 各功能位的具体功能如下。

（1）Cy（PSW.7）PSW.7 是进位标志，来源于最近一次算术指令或逻辑指令执行时的进位状态。

（2）Ac（PSW.6）是辅助进位标志位，用于 BCD 码的十进制调整运算。当低 4 位向高 4 位进位时 Ac 将被置 1，否则清 0。

（3）F0（PSW.5）是用户使用的状态标志位。

（4）RS1、RS0（PSW.4、PSW.3）是 4 组工作寄存器区选择的控制位 1 和位 0。

（5）OV（PSW.2）是溢出标志位，在执行算术指令时指示运算是否产生溢出。

（6）PSW.1 位是保留位，未用。

（7）P（PSW.0）是奇偶标志位。当 ACC 中 1 的个数为奇数时，P＝1；当 ACC 中 1 的个数为偶数时，P＝0。

因此，P 位可以理解为 ACC 的偶校验位。发送数据时，将需要发送的数据写入 ACC，然后把 P 位写入 RB8 即可发送偶校验位；接收数据时，将 SBUF 中的数据放入 ACC，然后对比 P 和 RB8 即可完成校验。因此在工作方式 1 的基础上，只需做如下修改即可在通信中加入偶校验。

---

① 需要多条机器指令才能对其赋值的变量，同时在中断服务函数和用户程序中访问。

(1) 串口初始化时将工作方式改为工作方式3。

(2) 发送数据时做如下修改。

将原来的语句"SBUF = serialData;"改为"ACC = serialData; TB8 = P; SBUF = serialData;",如此即可从TB8位发送需要发送的数据的偶校验位。

(3) 接收数据时做如下修改。

将原来的语句"serialData=SBUF;"改为"serialData=SBUF; ACC=serialData; if (P! =RB8){出错处理}"。

具体修改后的代码请参见在serial03基础上加入偶校验功能的示例工程serial04。

本章小结

本章首先讲述了串行通信的相关概念和参数,然后讲述了51单片机进行串行通信的基本原理以及各参数的设置;接着分别讲述了利用查询方式发送数据和中断方式发送数据的基本步骤;分析了中断方式接收数据的必要,并简单分析了串行通信中的数据组包问题;最后简单介绍了串行通信中的奇偶校验的实现。读者通过本章的学习应对串行通信有一定的了解,并能完成简单串行通信的编码。

练习

10.1 浅谈串行通信中波特率的作用。

10.2 浅谈利用查询方式发送数据和中断方式发送数据的区别。

10.3 修改示例工程serial03的代码,实现如下效果。

(1) 按下键key1~key4,分别发送字串"key1\r\n""key2\r\n""key3\r\n""key4\r\n",同时数码管显示"5D01""5D02""5D03""5D04"(5D模仿SD效果,编码时参照习题9.2)。

(2) 收到"open led01\r\n"时点亮LED01,以此类推到LED08。

(3) 收到"close led01\r\n"时关闭LED01,以此类推到LED08。

10.4 修改示例工程serial04,实现如下效果。

(1) 将通信校验方式修改为奇校验(提示:P位值取反即为ACC的奇校验结果)。

(2) 实现与练习10.3同样的效果。

第 11 章　常规外设及应用

由于 51 单片机只能够完成计算、串行通信、获取引脚状态和改变引脚状态等工作，而嵌入式系统一般都需要获取环境状态并对环境进行干预。因此，51 单片机必须借助于外设才能达到此目的。到目前为止，本书接触到的 51 单片机使用的外设包括：用于输出信息状态的 LED 灯、数码管、有源蜂鸣器和无源蜂鸣器等信息输出外设，以及用于获取用户操作的按键。下面介绍一些常用的外设/传感器的工作原理、控制方法及编码技巧。

11.1　实时时钟 RTC

11.1.1　DS1302 模块简介

在基于时钟的嵌入式应用中，对时钟的准确程度要求较高，如学校上下课铃声控制系统、基于时钟的路灯控制系统等。在类似的系统中，如果使用定时器模拟时钟，则在长期运行后必然会出现较大偏差，同时还可能因为系统断电而使系统时钟归零。因此在对时间要求较严格的嵌入式应用中，需要专门的实时时钟电路提供时间信息。

如果在系统中使用实时时钟模块提供时间信息，则有以下两个问题需要解决：如何从模块中获取时钟信息；如何修正模块内的时钟。下面以 DS1302 实时时钟模块为例，讲述实时时钟模块的应用。

DS1302 实时时钟模块由 DS1302 芯片相关电路、不间断供电电源电路和晶振等原件组合而成。DS1302 实时时钟模块的实物图如图 11.1 所示。

图 11.1　DS1302 实时时钟模块

从图 11.1 中可以看到该模块包含的原件有：印有 DS1302 等字样的实时时钟芯片；一个频率为 32767Hz 的晶振，该晶振的准确程度将直接影响模块的精度；纽扣电池座，使用模块时需在电池座中放入纽扣电池，其作用是在模块周边电源断电的情况下为 DS1302 芯片提供维持时钟正常计时的电源；模块最左边有一列引脚，用于连接外部电源以及数据的读写。

DS1302 实时时钟模块一般通过引脚引出了电源相关引脚 VCC、GND，数据交换相关引脚 CLK、DATA（也称 I/O）和 RST。DS1302 模块所需电源范围为 2.0～5.5V；数据引脚兼容 TTL 电平（5V），因此其非常适合于大多数以 51 单片机为核心的嵌入式应用系统。

DS1302 实时时钟芯片记录的信息有年、月、日、星期、时、分、秒等。每个信息都由一个专门的寄存器存放，每个寄存器都有一个 7 位地址。可以通过对不同地址的读或写实现对不同信息的获取或写入。DS1302实时时钟芯片内的寄存器地址和寄存器内容关系如表11.1所示。

表11.1 寄存器地址和内容关系

内容	地址			格式说明
	二进制	十六进制(读)	十六进制(写)	
秒	1000 000X	0x81	0x80	00–59 | CH | 10秒 | 秒 |
分	1000 001X	0x83	0x82	00–59 | 0 | 10分 | 分 |
小时	1000 010X	0x85	0x84	01–12 00–23 | 12/24 | 0 | 10 A/P | 小时 | 小时 |
日	1000 011X	0x87	0x86	01–28/29 01–30 01–31 | 0 | 0 | 10日 | 日 |
月	1000 100X	0x89	0x88	01–12 | 0 | 0 | 0 | 10M | 月 |
星期	1000 101X	0x8B	0x8A	01–07 | 0 | 0 | 0 | 0 | 0 | 星期 |
年	1000 110X	0x8D	0x8C	00–99 | 10年 | 年 |
控制	1000 111X	0x8F	0x8E	| WP | 0 | 0 | 0 | 0 | 0 | 0 | 0 |

表11.1中,二进制地址中的X为读写控制位:当X=0时为写地址;当X=1时为读地址。因此可以认为,寄存器地址只有7位(实质上寄存器地址只有5位,最高位固定为1,次高位用于区分时钟寄存器和RAM空间,时钟相关寄存器地址固定为0,芯片内部RAM空间地址固定为1),再加上1位读写控制位组成8位地址。也可以认为,某一寄存器的读地址为其写地址加1,因此可以通过如下宏定义列出各寄存器的写地址。

```
#define ds1302_sec_add          0x80        //秒数据地址
#define ds1302_min_add          0x82        //分数据地址
#define ds1302_hr_add           0x84        //时数据地址
#define ds1302_date_add         0x86        //日数据地址
#define ds1302_month_add        0x88        //月数据地址
#define ds1302_day_add          0x8a        //星期数据地址
#define ds1302_year_add         0x8c        //年数据地址
#define ds1302_control_add      0x8e        //控制数据地址
```

秒寄存器的CH位为暂停时钟位。当需要修改时钟时,必须先暂停时钟,即向秒寄存器写入0x80,修改系统时间后,最后写入正确的秒(刚好CH位为0)以继续时钟计时。

控制寄存器中的WP位为写保护位。当需要向芯片内某地址(不论时钟寄存器地址还是RAM地址)写数据时,需先解除写保护(向控制寄存器写入0x00),写操作完成后,应加上写保护(向控制寄存器写入0x80)以免误操作影响RTC计时的准确性。

小时寄存器的最高位为 12 小时制和 24 小时制标志位。该位为 1 则表示 12 小时制，此时 AM/PM 位表示上/下午(0：上午；1：下午)；小时寄存器的最高位为 0 时表示 24 小时制，此时 AM/PM 位没有特殊意义，和第 4 位共同作为小时计时位。**建议按 24 小时制设置时间，使用时相对简便。**

11.1.2　DS1302 基本操作

对于程序员来说，使用一个模块首要解决的问题就是如何与其沟通，最基本的工作就是完成**读**和**写**的操作。

为实现与 DS1302 的通信，首先需了解 DS1302 通信的基本操作。为便于讲解，假设已经将模块的 3 个数据相关引脚连接到 51 单片机，并且使用 sbit 指令将对应引脚定义成了相应的名字，即 CLK 引脚连接的 I/O 引脚被定义为 SCK，DATA 对应的 I/O 引脚被定义成为 IO，RST 对应的 I/O 引脚被定义成为 RST。在完成以下操作前，应该有类似于以下的代码。

```
sbit RST=P1^1;                   //模块的 RST 引脚被接到了 51 单片机的 P11
sbit IO=P1^2;                    //模块的 DATA 被接到了 51 单片机的 P12
sbit SCK=P1^3;                   //模块的 CLK 被接到了 51 单片机的 P13
```

(1) DS1302 模块初始化。

在完成与 DS1302 的通信前，需将 RST 和 SCK 均置为低电平(51 单片机复位后，各 I/O 口默认值为 1，输出高电平)，可认为 DS1302 模块的初始化代码如下。

```
void ds1302_init(void)
{
    RST=0;                       //RST 引脚置低
    SCK=0;                       //SCK 引脚置低
}
```

需要注意的是，**DS1302 初始化(RST 引脚和 CLK 引脚置低电平)后必须等待至少 10ms 后才能对其进行读写操作，否则会出现无法预料的错误。**通常在 51 单片机开始运行后且进入主循环前完成初始化工作。为避免进入主循环立即操作 DS1302 导致延时不够，可以在初始化代码后加入延时，以确保初始化后至少 10ms 才进入主循环。也可以直接将延时代码放入初始化代码，以确保初始化结束后模块可以立即被读写。

(2) 写数据。

向 DS1302 寄存器写入数据分为两步：首先，按先低位后高位的顺序写入 8 位寄存器的写地址；然后，按先低位后高位的顺序写入 8 位数据。由地址相关内容可知，需要向 DS1302 写数据时，最低位地址为 0，即发送 DS1302 的地址的最低位决定了接下来的操作是读还是写。DS1302 写一字节的时序如图 11.2 所示。

在写数据时，图 11.2 中的 $R/\overline{W}$ 位必须为 0。从图 11.2 中可以看出，地址和数据的传送均按照“先低位后高位”的方式发送。由于初始状态下 RST 和 SCLK 为低电平，因此写一字节的操作步骤如下。

① 将 RST 置为高电平。

② 将 8 位地址信息按先低位后高位的顺序发送。将需发送的“位”置于 I/O(DATA)线,将 SCLK(CLK)置为高电平,稍作延时(51 单片机的指令执行速度相对较慢,可不作延时),再将 SCLK 置为低电平,完成一位信息的传送。

③ 与地址发送方式一致,发送 8 位数据。

④ 将 RST 置为低电平。

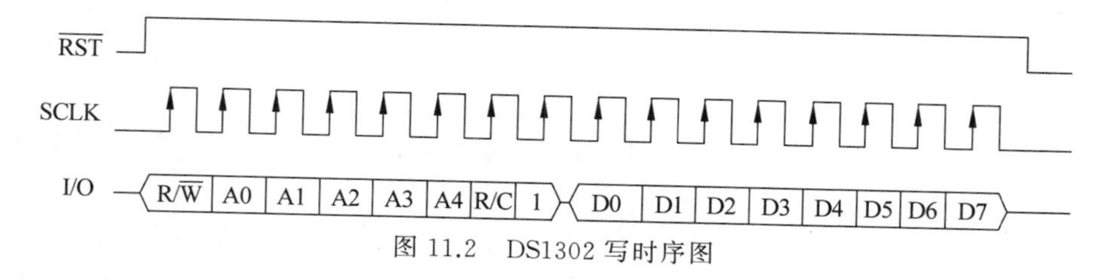

图 11.2 DS1302 写时序图

根据以上描述,可得到向 DS1302 某地址写数据的操作代码如下。

```
void ds1302_write_byte(unsigned char addr, unsigned char d)
{
    unsigned char i;
    RST=1;                              //启动 DS1302 总线
    /*   写入目标地址:addr             */
    for (i =0; i <8; i ++) {
        if (addr & 0x01)      IO=1;
        else               IO=0;
        SCK=1;
        SCK=0;
        addr =addr >>1;
        }
    /*   写入数据:d      */
    for (i =0; i <8; i ++) {
        if (d & 0x01)      IO=1;
        else               IO=0;
        SCK=1;
        SCK=0;
        d =d >>1;
        }
    RST=0;                              //停止 DS1302 总线
}
```

(3) 读数据。

和向 DS1302 某一寄存器写入数据类似,从 DS1302 某寄存器读数据的基本步骤分为两步:首先,按先低位后高位的顺序写入 8 位中最低位为 1 的寄存器/RAM 读地址;然后,按先低位后高位的顺序读入 8 位数据。从 DS1302 某一地址读取数据的时序图如图 11.3 所示。

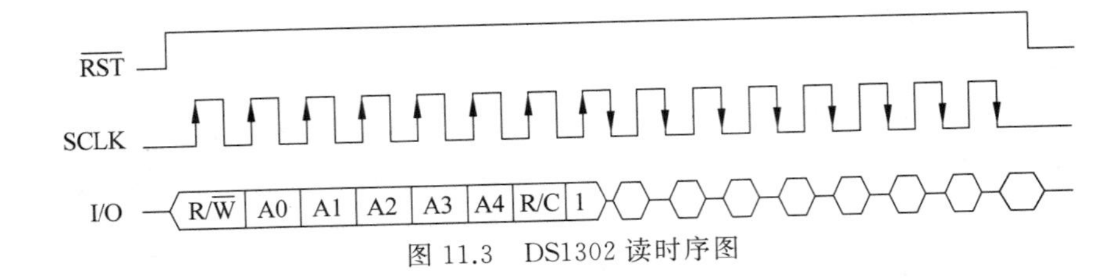

图 11.3　DS1302 读时序图

在读数据时，图 11.3 中的 R/W̄ 位必须为 1。从图 11.3 中可以看出，从某一地址读数据的操作如下。

① 将 RST 置为高电平。

② 将 8 位地址信息按先低位后高位的顺序发送，类似于写操作，区别在于最低位地址为 1，而写操作时最低位地址为 0。

③ 按先低位后高位的顺序接收 8 位数据。读 I/O，放入临时变量，将 SCLK(CLK)置为高电平，稍作延时(51 单片机的指令执行速度相对较慢，可不作延时)，再将 SCLK 置为低电平，准备接收下一位，循环接收 8 位数据。

④ 将 RST 置为低电平。

根据以上描述，可得到从 DS1302 某地址读数据的操作代码如下所示。

```
unsigned char ds1302_read_byte(unsigned char addr) {
    unsigned char i,temp;
    RST=1;                          //启动 DS1302 总线
    addr =addr | 0x01;              //最低位置高
    for (i =0; i <8; i ++) {        //发送 8 位地址
        if (addr & 0x01) IO=1;
        else             IO=0;
        SCK=1;
        SCK=0;
        addr =addr >>1;
        }
    for (i =0; i <8; i ++) {        //读数据到 temp
        temp =temp >>1;
        if (IO) temp |=0x80;
        else    temp &=0x7F;
        SCK=1;
        SCK=0;
        }
    RST=0;                          //停止 DS1302 总线
    return temp;
}
```

11.1.3 时钟信息的获取与设置

1. 时钟数据的获取

获取模块内时间或日期数据时，只需给出正确的寄存器地址即可正常完成读取操作，代码如下。

```
void ds1302_read_time(unsigned char time_buf[])
{
    time_buf[0]=ds1302_read_byte(ds1302_year_add);          //年
    time_buf[1]=ds1302_read_byte(ds1302_month_add);         //月
    time_buf[2]=ds1302_read_byte(ds1302_date_add);          //日
    time_buf[3]=ds1302_read_byte(ds1302_hr_add);            //时
    time_buf[4]=ds1302_read_byte(ds1302_min_add);           //分
    time_buf[5]=(ds1302_read_byte(ds1302_sec_add))&0x7f;   //秒,屏蔽秒的第 7 位
    time_buf[6]=ds1302_read_byte(ds1302_day_add);           //周
}
```

这里，形参 time_buf 为存储数据的缓冲区，至少包含 7 个存储单元。读操作过程将年、月、日、时、分、秒、周的数据按顺序放入缓冲区，实际应用中的获取时间和获取日期可单独进行。DS1302 中只能获取年份数据的低 2 位，所以在使用时需要程序员自行处理年份的高 2 位。

2. 时间/日期的设置

设置模块的时钟或日期前，必须先向控制寄存器写入 0x00 以解除芯片的写保护功能，设置时间或日期后，应向控制寄存器写入 0x80，为芯片加上写保护。同时需要注意的是，在设置时钟时，应先向秒寄存器写入 0x80 以暂停时钟，否则时钟设置可能会出错。最后写入正常的秒值时最高位为 0，RTC 开始正常计时，因此 51 单片机设置 DS1302 的代码如下。

```
//向 DS302 写入时钟数据
void ds1302_write_time(unsigned char time_buf[])
{
    ds1302_write_byte(ds1302_control_add,0x00);           //关闭写保护
    ds1302_write_byte(ds1302_sec_add,0x80);               //暂停时钟
    ds1302_write_byte(ds1302_year_add,time_buf[0]);       //年
    ds1302_write_byte(ds1302_month_add,time_buf[1]);      //月
    ds1302_write_byte(ds1302_date_add,time_buf[2]);       //日
    ds1302_write_byte(ds1302_hr_add,time_buf[3]);         //时
    ds1302_write_byte(ds1302_min_add,time_buf[4]);        //分
    ds1302_write_byte(ds1302_sec_add,time_buf[5]);        //秒
    ds1302_write_byte(ds1302_day_add,time_buf[6]);        //周
```

```
    ds1302_write_byte(ds1302_control_add,0x80);                //打开写保护
}
```

未使用过的 DS1302 模块一般没有正常计时，使用时需向模块内写入正确的日期和时间信息，由于写秒寄存器时刚好 CH 位为 0，因此使得 DS1302 模块正常计时。在具有备用电池供电的情况下，即使外部电源停止供电，模块也会一直计时，直到被暂停计时或备用电池断电为止。

11.1.4 RAM 空间操作

DS1302 除了具有 RTC 的功能外，还有 31 字节的 RAM 空间可供使用，具体的二进制地址范围为 1100 000X～1111 110X。和寄存器一样，位 X 控制 RAM 的读写。由于该 RAM 空间由备用电池供电，因此只要备用电池不断电，RAM 空间内的数据就不会丢失，因此该空间可以存放一些需长时间存放的数据。需要注意的是，和时钟寄存器的写操作一样，在写 DS1302 的 RAM 空间前也需要解除写保护，写结束后应恢复写保护。

示例工程 DS1302 实现的功能为：开机后数码管显示时间，小数点每秒闪烁一次；点按 KEY1 键后数码管显示日期，再次点按 KEY1 键会回到时间显示。第一次使用模块时，请修改 time_buf 中的值，并将主函数中进入主循环前的“写时间”对应的语句解除注释。系统运行时，在进入主循环之前向 DS1302 写入时钟值，然后模块开始正常计时。当模块开始正常计时后，就可以注销掉“写时间”的代码了。

11.2 温度传感器

11.2.1 DS18B20 简介

在嵌入式应用领域中，温度传感器使用得非常普遍，基于温度采集的应用示例不胜枚举，如智能电热水器、智能温室大棚、智能体温计等。其中较为常用的温度传感器芯片为 DS18B20，该芯片具有成本低、辅助电路简单、单总线协议只占用一个 I/O 引脚、温度计量精度高等优点。

DS18B20 是以补码形式表示温度的传感器。温度传感器的分辨率是用户可编程的，9、10、11 或 12 位可选，分别以 0.5℃、0.25℃、0.125℃和 0.0625℃为精度，在上电状态下默认的分辨率为 12 位。不论分辨率为多少，从传感器芯片获取的数据均为 16 位，其温度数据与温度值之间关系如表 11.2 所示。

表 11.2 温度-数据关系

温度/℃	数据输出(二进制)	数据输出(十六进制)
+125	0000 0111 1101 0000	07D0h
+85	0000 0101 0101 0000	0550h

续表

温度/℃	数据输出(二进制)	数据输出(十六进制)
+25.0625	0000 0001 1001 0001	0191h
+10.125	0000 0000 1010 0010	00A2h
+0.5	0000 0000 0000 1000	0008h
0	0000 0000 0000 0000	0000h
−0.5	1111 1111 1111 1000	FFF8h
−10.125	1111 1111 0101 1110	FF5Eh
−25.0625	1111 1110 0110 1111	FE6Eh
−55	1111 1100 1001 0000	FC90h

* 上电复位时温度寄存器默认值为+85℃

由表11.2可看出,若温度数据为一个16位的有符号数,则需将该值乘以0.0625才能得到真实温度值。需要注意的是,温度传感器上电后立即读取,获取到的温度值可能为+85℃,因此上电后需延时一段时间(约2s)后才能获取正确的温度数据。

DS18B20能检测的温度范围为−55℃~+125℃,当温度范围在−10℃~85℃之外时,误差为±0.5℃。关于DS18B20的相关知识,请有意深入研究的读者自行查询相关资料,本书主要从硬件连接和数据获取两个方面进行简单介绍。

11.2.2 DS18B20硬件连接

DS18B20与单片机的连接的最简单方式如图11.4所示。

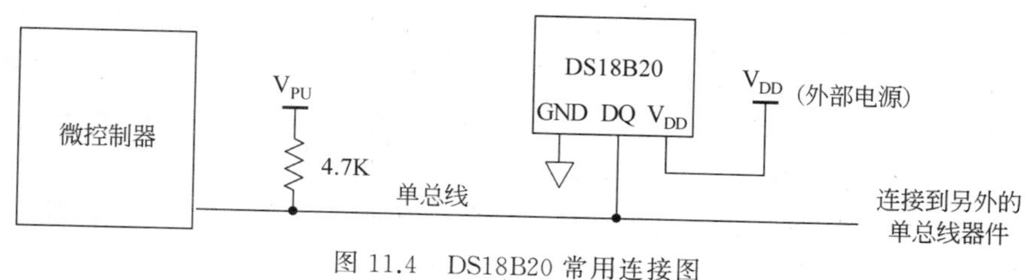

图11.4 DS18B20常用连接图

由于只需在I/O线上并接一个上拉电阻,然后直接为芯片供电即可工作,因此在应用中一般无须专门购买DS18B20连接模块,只需购买DS18B20芯片并直接按要求连接即可使用。

另一种连接方式为单总线强上拉供电方式,其原理如图11.5所示。

该连接方式的电路复杂,控制也更加麻烦,因此较少采用。

DS18B20芯片的外形类似于三极管,图11.6为其侧视图和底视图。

需要注意的是,V_{DD}和GND引脚都是对称的,插接时转动180°也能插接,但V_{DD}和GND却可能刚好接反,因此在连接时需特别小心。

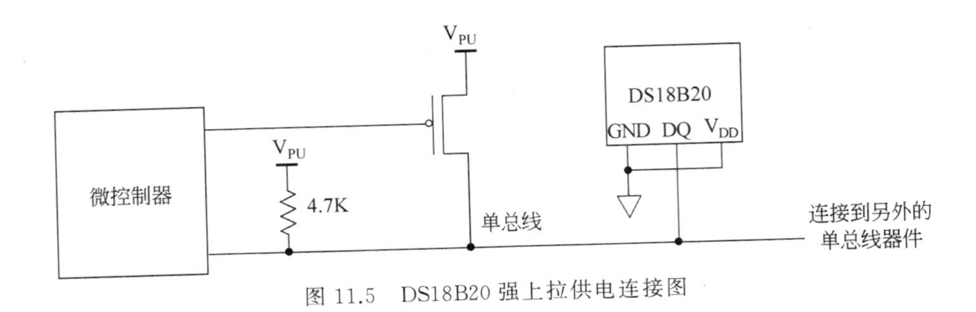

图 11.5　DS18B20 强上拉供电连接图

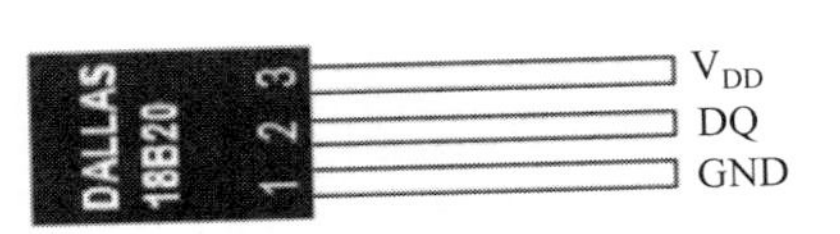

图 11.6　DS18B20 外形图

11.2.3　单总线基本操作

与 DS18B20 的通信操作均通过单总线完成，接下来先了解单总线的总线复位、读、写工作的基本操作过程。

(1) 总线复位。

单总线电路为“线与”电路，即如果总线上连接的设备中的一个向总线输出低电平，则整条总线表现出低电平。单总线在空闲时处于高电平，当操作总线的任一方不使用总线时，向总线输出高电平，这一过程被称为释放总线。

在发起一次完整的通信之前，需要将总线复位，然后才能开始读写操作，操作过程为：主机（读写操作的发起者，此处为单片机）拉低总线并维持 480～960μs 以产生复位脉冲，然后释放总线；从机（读写操作的接收者，此处为 DS18B20 芯片）检测到主机释放总线时产生了电平跳变上升沿后延时 15～60μs，拉低总线并维持 60～240μs 以应答。主机如果接收到从机的应答信号，则说明从机准备就绪，初始化过程完成。

在编码时，如果能确保从机（DS18B20 为单总线通信中的从机）可靠连接，则无须等待从机的应答信号，因此可得到 51 单片机的总线复位代码如下。

```
void ds18b20_reset(void){
  unsigned int i;
  DS=0;
  i=103;                    //该值需根据实际情况修改以产生需要的延时长度
  while(i>0)i--;            //产生 480~960μs 的延时
  DS=1;
}
```

当复位总线后，就可以通过总线与从机（DS18B20 芯片）通信了。通信基本步骤为：首先主机向从机写入若干命令；当写入读数据命令后，从机发送数据，主机读数据。

（2）写。

写入的数据以字节（低位在前，高位在后）为单位，每位的传输如下：写 1 时，拉低总线，维持 15μs，然后拉高总线，维持 45μs；写 0 时，拉低总线，维持 60μs，然后拉高总线。具体代码如下。

```
void tmpWriteByte(unsigned char dat){
    unsigned int i;
    unsigned char j;
    bit testb;
    for(j=1;j<=8;j++)  {
        testb=dat&0x01;
        dat=dat>>1;                     //先低位后高位
        if(testb){                      //写 1
            DS=0;
            i++;i++;
            DS=1;
            i=8;
            while(i>0)i--;
        }
        else {                          //写 0
            DS=0;
            i=8;
            while(i>0)i--;
            DS=1;
            i++;i++;
        }
    }
}
```

可以看出，写 1 与写 0 的区别只是低电平的维持时间不同，发送每位需要的总时间是一致的。

（3）读。

读数据时也是以字节（低位在前，高位在后）为单位的，每位的读取过程为：主机把总线拉低并保持至少 1μs 后释放总线，15μs 后读取总线，总线上高电平为 1，低电平为 0。具体代码如下。

```
unsigned char tmpReadByte(void){
    unsigned int  delay;
    unsigned char i,dat;
    bit j;
    dat=0;
    for(i=1;i<=8;i++){
        DS=0;
        delay++;                        //小延时
        DS=1;
```

```
        delay++;delay++;
        j=DS;
        delay=8;
        while(delay>0)delay--;
        dat >>=1;                   //先低位后高位
        if(j) dat |=0x80;
    }
    return dat;                     //数据返回
}
```

11.2.4 获取 DS18B20 温度数据基本流程

通过"单总线"已经可以和 DS18B20 完成基本的通信了，但要通过 DS18B20 获取环境温度数据，则必须了解芯片 DS18B20 的基本工作流程。

当单总线上具有多个 DS18B20 时，操作流程相对比较复杂。若总线上只有一个设备，则简单很多。当单总线上只有一个 DS18B20 时，读出当前的温度数据需要执行两次工作周期。

周期一：复位、发送跳过 ROM 指令、发送温度转换操作指令、等待 500μs 以让芯片转换温度值。

周期二：复位、发送跳过 ROM 指令、发送读 RAM 的操作指令、读数据(最多为 9 字节，中途可停止，只读简单温度值时，读前 2 字节即可)。关于 DS18B20 的指令，请自行查阅相关文献。

通常情况下，复位后需要有一个短暂的等待才能继续后续操作，否则可能出错。最终可得在总线上只有 1 个 DS18B20 的情况下，读取温度数据的基本过程如下：

① 总线复位；

② 发送温度转换命令(包含跳过 ROM 指令)；

③ 总线复位；

④ 读取温度数据(包含跳过 ROM 指令)。

每两步之间都必须有暂停，特别②③之间必须有不少于 500μs 的暂停。如果将所有操作均放置于一个连续执行的任务，则势必使得处理器陷入该任务太久，必然会耽误一些周期较短的周期性实时任务(如数码管扫描任务)的执行，在具有数码管显示的系统中会引起数码管闪烁甚至停滞的现象产生。因此，在循环轮询多任务编写方式下，不能将获取温度的整个过程列为一个任务，需按照第 6 章中的处理任务阻塞的方法对其进行拆分。

11.2.5 DS18B20 应用编码

DS18B20 应用编码问题的实质就是在循环轮询系统中遇到的任务中存在多次延时阻塞的问题。该问题最好的解决办法就是将大任务分解为一系列按一定先后顺序执行的子任务。最简单的分解方式就是按照以上 4 个步骤将其分为 4 个子任务，而①和③操作完全一致,都是直接调用函数 ds18b20_reset()。

任务②(发送温度转换命令)的代码如下。

```
void tmpChange(void){
    tmpWriteByte(0xcc);                //跳过序列号命令
    tmpWriteByte(0x44);                //发送温度转换命令
}
```

任务④(读取温度数据)的代码如下。

```
int readTemperature(){
  unsigned short temp;
  unsigned char a,b;
  tmpWriteByte(0xcc);
  tmpWriteByte(0xbe);                  //发送读取数据命令
  a=tmpReadByte();                     //连续读 2 字节数据
  b=tmpReadByte();
  temp=b;
  temp<<=8;
  temp=temp|a;                         //2 字节合成一个整型变量
  return temp;                         //返回温度值
}
```

注意:*任务④需要完成的操作有写 2 字节和读 2 字节,需要花费的时间也相对较长,可能超过数码管的扫描周期,如有必要可以进一步将其拆分成 2 个子任务。*

将温度获取任务分解成多个按一定顺序执行的子任务后,接下来需要解决的问题就是如何在系统中实现按时间先后顺序执行这 4 个子任务的问题了。

若系统中需要周期性(如 1s)地获取环境温度,则可以认为这 4 个任务为周期相同的周期性实时任务,只是触发的时间点不同而已。若系统心跳周期为 5ms,则可以每次心跳触发一个子任务。心跳计数值为 n 时触发任务①、$n+1$ 时触发任务②、$n+2$ 时触发任务③、$n+3$ 时触发任务④。若系统心跳周期较短,则可适当增加连续两个任务之间心跳计数值的差距。以下代码为在心跳周期为 5ms 的系统中,每秒读取一次温度并用数码管显示温度的心跳函数。

```
void init_timer0()interrupt 1 using 1
{
    static unsigned char count=0;
    TR0 =0;
    TH0 =0xEC;                                  //心跳周期为 5ms
    TL0 =0x78;
    TR0 =1;
    f_tube =1;                                  //触发数码管扫描任务
    count++;
    count %=200;                                //温度转换周期为 1s
    if(count==0||count==2) f_reset =1;          //触发总线复位任务
```

```
        if(count==1)            f_charge =1;     //触发温度转换任务
        if(count==3)            f_readTmp =1;    //触发读取温度任务
        if(count==4)            f_disTmp =1;     //触发温度送显存任务
    }
```

得到具有一定先后顺序的任务触发信号后，主循环代码如下。

```
    while(1){
        if(f_tube){f_tube=0;        tubeScan();        }
        if(f_reset){f_reset=0;    ds18b20_reset();        }
        if(f_charge){ f_charge=0;    tmpChange();        }
        if(f_readTmp){f_readTmp=0;  temper=readTemperature();    }
        if(f_disTmp){
            f_disTmp=0;
            …//将温度送显存
        }
    }
```

如此即可解决从温度转换到读取温度需要经历多次延时阻塞的问题了，详细代码请参见示例工程DS18B20。当然，就本示例工程实现的效果而言，用户也可以通过在整个温度相关大任务中插入数码管扫描任务的方式解决数码管扫描被推迟的问题，只是该方式会使系统代码的简洁度降低，不值得提倡。

11.3 超声波测距

测距问题也是嵌入式应用领域的常见问题，如小车避障、倒车雷达等应用。超声波测距是一种较为常用的测距方式。

超声波测距的基本原理是时间差测距法。在图11.7中，超声波发声源在$t1$时刻发出超声波，经过长度为S的距离后抵达障碍物，反射后再经过S的距离后在$t2$时刻返回超声波接收点，则时间差$\Delta t=t2-t1$，因此可得到如下关系。

$$S=V\times\Delta t\div 2$$

其中，V为超声波的传输速度，空气中为340m/s。由此，超声波测距问题就变成了测时间差的问题。图11.8所示的HC-SR04超声波模块可以实现自动发出超声波并接收回波，将时间差以脉冲宽度的形式呈现，即时间差有多久，脉冲宽度就有多宽。

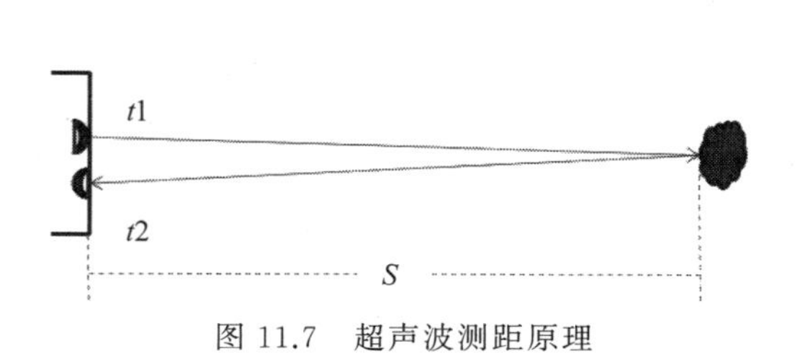

图11.7 超声波测距原理

图11.8 HC-SR04超声波模块

使用该模块后，测距问题就变成了测量脉冲宽度的问题。该模块的连接引脚有电源引脚 V_{CC} 和 GND、测距触发引脚 trig 和回响信号引脚 echo，其工作时序图如图 11.9 所示。

图 11.9　HC-SR04 超声波模块工作时序图

当需要测距时，单片机通过 trig 引脚发出一个不少于 10μs 的脉冲，然后模块开始发出超声波并接收回波，最后从 echo 引脚输出一个宽度为 Δt 的脉冲。因此单片机需要解决的问题变为如何测量脉冲宽度的问题，具体操作步骤如下：

① 发出 trig 触发信号；

② 不断查询 echo 状态，直到 echo 为高电平为止；

③ 启动计数/定时器，以定时方式工作；

④ 不断查询 echo 状态，直到 echo 为低电平为止；

⑤ 停止计数器计数，读取计数器值，间接获得脉冲宽度值，计算距离。

根据该步骤可得，当系统时钟为 12MHz 时，超声波测量距离的代码如下。

```
unsigned int superWave(){
    unsigned int length;
    TH1=0;
    TL1=0;
    trig=1;                    //发出 10μs 的触发脉冲
    NOP();    NOP();    NOP();    NOP();    NOP();
    NOP();    NOP();    NOP();    NOP();    NOP();
    trig=0;
    EA =0;                     //为保证及时打开和关闭定时器，关闭系统中断
    while(echo==0);            //等待直到 echo 为高电平
    TR1=1;                     //启动定时器
    while(echo==1);            //等待直到 echo 为低电平
    TR1=0;                     //关闭定时器
    EA =1;                     //恢复系统中断打开状态
    length =TH1;
    length <<=8;
    length +=TL1;
    length *=0.17;             //精确到毫米，系统时钟为 11.0592MHz 时系数为 0.1844618
    return length;
}
```

该代码包含两个等待外部变化的死循环，若模块故障，则系统将会停滞不前。因此，在实际工程中应加入适当的计数机制以避免死循环的产生，同时还可以加入外部中断机

制以及时捕获脉冲下降沿，可使计量值更准确。

代码中计算所测距离时用代表脉冲宽度的计数值乘以 0.17ms 的原因如下。超声波在空气中的传输速率为 340m/s、0.34mm/μs。当系统频率为 12MHz 时，定时器计数频率为 1MHz，计一个数的时间刚好为 1μs。所以在定时器计一个数期间，超声波传播距离为 0.34mm。若当超声波从发出至回到起点期间计数值为 n，则该期间超声波的传播距离为 $n\times0.34$mm。由于超声波测距时超声波传播的距离刚好为发出点到障碍物距离的 2 倍，因此可得到超声波发出点到障碍物的距离为 $n\times0.34\text{mm}\div2=n\times0.17\text{mm}$。同理，当系统时钟为 11.0592MHz 时，在一个定时器计数周期内超声波的传播距离为 0.3689236mm，所以可得到超声波发出点到障碍物之间的距离为 $n\times0.1844618$mm。

本示例的详细代码请参见示例工程 superWave，其效果为每秒通过超声波模块测距一次，精确到毫米，数码管显示测量值(1 位小数，单位为 cm)。示例工程 superWave02 实现的效果一致，但加入了防止死循环的相关代码，并用外部中断方式捕获脉冲下降沿，请读者参考。

同时，也可以将超声波模块 echo 引脚连接上 INT0 或 INT1，利用定时/计数器的 GATE 位为 1 的特性实现 INT0 或 INT1 上脉冲宽度的测量。请读者自行查询第 8 章的相应内容并实验验证。

11.4 红外、火焰、声音感应器

对于一些无须关心模拟量的精确值，只需要知道“有”或“无”的应用场合，可以使用感应器模块，如是否有声音、是否有火焰、煤气浓度是否超标等。常用的感应器模块有：红外感应器、火焰感应器、声音感应器、触摸感应器等。这些感应模块一般都只有一个状态引脚，用于报告模块探测环境的某一模拟量的有或无。如图 11.10 所示的多个感应模块，除了电源相关引脚外，通常只有一个用于报告环境情况的状态引脚。

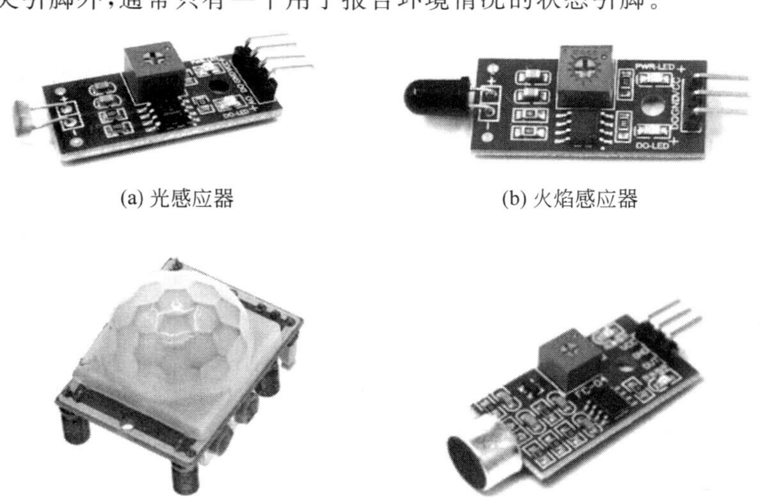

(a) 光感应器　(b) 火焰感应器

(c) 人体红外感应器　(d) 声音感应器

图 11.10　感应模块

感应器的使用相对比较简单，直接通过读取状态相关引脚就能知道环境相关状态，从而做出反应。例如人体红外感应器的 OUT 引脚就是状态引脚，平时 OUT 输出高电平；当有人体或发热动物在检测范围内活动时，OUT 引脚便会输出低电平。可以通过不断获取引脚状态或者触发中断等方式及时掌握 OUT 引脚电平变化，及时根据情况做出响应。

一些感应器模块还会提供灵敏度调节旋钮/滑动变阻器、短接电路改变输出等可以对模块的输出进行设置的途径。由于不同模块的设置方式各有不同，在此无法一一列举，请读者使用模块时自行查阅相关资料，关注其输出与监测环境之间的关系，以便系统能做出正确的响应。

11.5 三极管放大电路与继电器

嵌入式应用领域中，经常需要根据环境变化做出响应，如智能温室大棚温度过低时需启动加热设备、自动窗帘收到指令后启动电机拉动窗帘、门禁系统收到指令后启动电机打开门锁等。特别是一些需要利用强电才能实现操作，不能指望单片机的某个引脚输出的电流能直接驱动设备完成工作，此时必须借助于电流放大电路和继电器等辅助电路/设备。

当需要启动的电器需求电源与单片机电源的电压一致时，可以考虑使用电流放大电路。典型的电流放大电路如图 11.11 所示。

图 11.11 中，当控制端为低电平时，即可通过三极管为负载提供较大电流以驱动负载工作，而流经控制端需要的电流却非常小。该电路要求负载额定电压与单片机系统电压一致。当直流负载需求的电压与单片机系统电压不一致时，需要更加复杂的电路才能实现，或者使用继电器实现。

继电器电路是典型的弱电控制强电的方式。由于继电器的工作本身需要较大的直流电流，因此继电器电路本身也需要三极管放大电路作为辅助。应用中经常使用的是包含了三极管放大电路和继电器原件的继电器模块。图 11.12 为某一型号的继电器模块实物图。

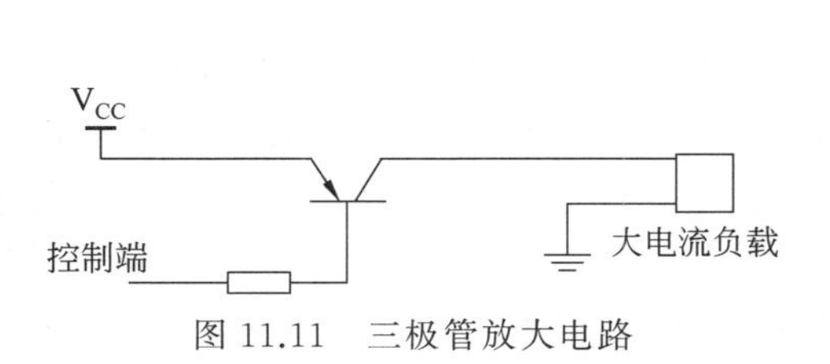

图 11.11 三极管放大电路

图 11.12 继电器模块

继电器模块的强电端有 3 个接口：ON、COM 和 NC。继电器没有吸合前，COM 端与 ON 端短接，NC 端悬空；当继电器吸合后，COM 端与 NC 端短接，ON 端悬空。在一些型号的继电器模块中，ON 端被称为常闭端，COM 端被称为公共端，NC 端被称为常开端。

继电器弱电端有 3 个接口：V_{CC}、GND 和 IN，IN 即控制端(一些继电器模块有 4 个弱电端引脚，其中2个GND引脚）。IN端可能是高电平触发，也可能为低电平触发，有些厂家生产的继电器模块还可以通过改变跳线的方式改变继电器模块的触发方式。

继电器的强电端相当于单刀双掷开关，可以在强电端接直流电或交流电，以达到弱电控制强电的目的。

单片机对环境的反馈方式还有很多，例如电机驱动模块就是较为常用的驱动电机实现某一精确操作的电路。由于各种驱动电路的差别较大，因此请读者在需要时自行查阅相关资料，在此不再展开。

本章小结

本章主要讲述了实时时钟DS1302模块和温度传感器芯片DS18B20的基本控制原理，并以示例工程的方式展示了DS1302和DS18B20的具体应用及编码；然后讲述了使用超声波测距的基本原理和超声波模块在测距应用中的具体编码方法；最后简单介绍了几个感应器模块和弱电控制强电的基本方法。通过对几种不同类型的外设的基本控制原理及编码给读者展示了单片机外设的一些基本使用技巧。

由于单片机外设多种多样，无法全部展示，因此本章只作抛砖引玉之用。一些常用的外设模块的控制基本方法与本章列出的具有相似之处，如液晶屏模块、步进电机驱动模块、EEPROM模块等。在具体使用时，可以通过研究模块的相关资料及分析相关控制例程，最终让外设模块有机融入单片机应用系统。

练习

11.1　修改示例工程DS1302的代码，实现如下效果。

(1) 启动时，从DS1302的RAM空间起始处连续读7字节(参照时钟读的过程，只是地址不同)，判断其内容是否为have set。

(2) 如果RAM空间起始处的内容不是have set，则在DS1302时钟寄存器设置时间，然后在RAM空间起始处写入have set。

注意： 该方法有利于判断时钟芯片是否被设置过，如果未被设置过，则写入正确的时钟信息，并在RAM空间中记录。需要注意的是，DS1302芯片的RAM空间数据由DS1302的备用电源维持，因此只要DS1302模块的备用电源正常，那么即使单片机系统断电，DS1302的RAM空间内的数据也不会丢失。

11.2　参考DS1302，修改示例工程DS18B20的代码，实现4位数码管交替显示时钟和温度信息。

11.3　参照定时器工作逻辑电路，利用GATE位为1的特性修改示例工程superWave的代码，利用外部中断引脚1的脉冲宽度实现超声波测距。

11.4　利用继电器实现51单片机控制220V交流电白炽灯开关。注意：由于继电器模块没有注意强电触点的绝缘问题，因此使用时请为继电器强电触点采取绝缘措施。强电应用，请注意用电安全！

第 12 章　系统设计实例

本章将为读者展现几个工程应用，请读者体会系统设计时的任务分解与最终编码之间的关系。每个工程应用都提供了分列电路，主要用于展现单片机外设的基本电路及控制方法。如果读者的实验设备的电路连接有所不同，编码时请根据具体情况适当修改。

12.1　玩具音乐盒

12.1.1　设计目标及相关电路

一个能够控制“上一曲”“下一曲”以及“暂停”的玩具音乐盒将为小孩带来无穷的乐趣。本实验的设计目标为一个内置多首乐曲的低成本音乐盒，采用无源蜂鸣器播放简单乐曲，3 个按键实现音乐盒的“上一曲”“下一曲”以及“暂停”功能，同时采用数码管显示当前播放乐曲的顺序号。

根据设计目标可知本应用涉及的硬件有 4 部分：单片机及其周边辅助电路；无源蜂鸣器模块用于“播放音乐”；3 个独立按键用于控制音乐播放；数码管用于显示播放序号。分列电路图如图 12.1 所示。

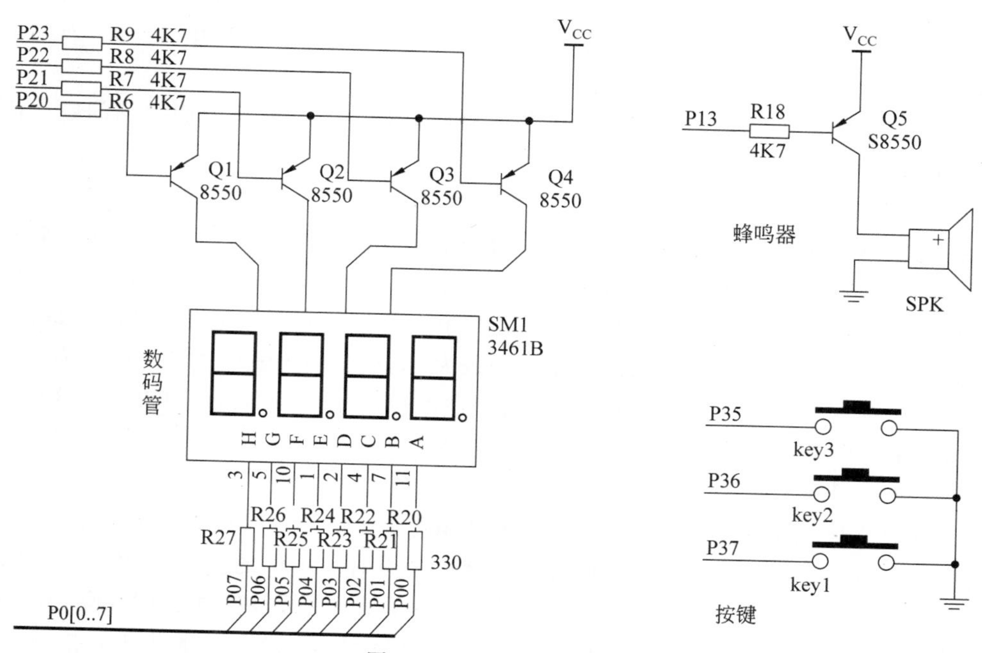

图 12.1　音乐盒电路图

在本实验中实际需要的数码管有两个就足够了，这里使用4位数码管模块。若使用的是2位数码管，则具体驱动程序需要根据电路连接情况进行简单修改。无源蜂鸣器由P13驱动，而在实际应用中可根据具体需求进行调整。由于按键数量较少，因此采用独立按键以降低编码难度。

本音乐盒的具体功能如下。

(1) 开机自动从第1首乐曲开始播放。

(2) 在播放乐曲时按下“暂停”键(key1)，暂停播放；在暂停播放时按下“暂停”键继续播放。

(3) 无论暂停还是播放，按下“上一曲”键(key2)则转到上一曲从头开始播放。

(4) 无论暂停还是播放，按下“下一曲”键(key3)则转到下一曲从头开始播放。

(5)“上一曲”和“下一曲”以及播放中自动进入下一曲都是通过循环方式进行的，即第1首到第n首循环播放。

12.1.2 数据结构

第8章的“无源蜂鸣器”相关章节讲述了如何通过修改定时器计数初值的方式驱动无源蜂鸣器播放不同的音调。但是一支完整的乐曲不仅包含一系列的音调，还涉及每个音的播放时长。同时，为了体现每个音符的独立性，在两个音符的播放之间应该让蜂鸣器有一个非常短暂的暂停。根据经验值，该暂停时间为20ms较为合适。简谱中每个音符的播放时长以“拍”为单位表示，而一“拍”的具体时长又与音乐本身的快慢有关。为了设计简单，本实验统一一“拍”的时长为32×20ms，即将20ms设计为一个音符的播放时长单位，一“拍”为32个单位时长，因此得到“半拍”为16个单位时长；“四分之一拍”为8个单位时长。

分析完乐曲的节奏问题后，接下来需要解决的就是如何存放乐曲简谱的问题。简谱的存放需要考虑的因素有如下几个方面。

(1) 音符的存放。

据统计，常规简谱涉及的音符范围大多在低音3(mi)到高音3，如何以数字方式存放每个音符是本项目需要首先思考的问题。鉴于中音1(duo)到中音7(xi)在简谱中较常见，因此直接用有符号数1～7作为其编码。其余音符按其相对位置进行编码，如低音7的编码为0，低音3的编码为−4，高音1的编码为8，高音3的编码为10。因此需要存放的音符编码范围为−4～10，可以用8位有符号数对音符进行编码存放(注意：这里没有考虑音符的升降调问题，作为简单的乐曲已经足够)。

(2) 音符长度的存放。

为方便控制，系统将产生20ms的周期性音乐控制信号，可以认为20ms为一个音符的播放时间单位。将每个音符的播放时长直接记录为时间单位的个数，那么1/4拍就记为8，半拍记为16，以此类推。但是在对乐曲进行编码时，将播放时间长度换算为时间单位比较麻烦且不直观。通过观察发现，常规简谱内最小的音符播放时长为1/4拍，则可以将其记为1、半拍为2、一拍为4，以此类推。在控制时再将时长编码乘以8即可得到该音符的播放时长。因此普通简谱中一个音符的播放时长范围为1～32，故可以用8位无符号数编码，同时使用8位有符号数也能满足要求。

(3) 简谱中每个音符及其长度的存放。

由于简谱中每个音符都有音调和时长两个信息，按照以上分析，都可以用8位有符号数记录。那么在对简谱进行编码时至少有两种编码方式：①每个音符为一个结构体，简谱即为一个结构体数组；②将简谱的音调和播放时长独立成两个相同长度的数组，播放时通过相同的下标确定每个音符的播放时长。第一种方式相对直观易懂，但在对简谱编码时需要同时关注每个音符的音调和时长，并构成结构体时容易出错。因此第二种简谱编码方式使用起来更简单。

(4) 多个简谱的存放问题。

本系统中存在多首乐曲的播放问题，同时还需实现"上一曲"和"下一曲"功能。而实际应用中每一首简谱的长度不尽相同，因此多首乐曲简谱的存放应该借助于结构体数组方式实现。每一个数组成员就是一个结构体，结构体成员有简谱音调数组、简谱节奏数组（音符时长）以及简谱数组长度（用于判断乐曲是否播放完毕）。如此，在实现"上一曲"和"下一曲"功能时，只需改变结构体数组的下标即可。

综上所述，本实验使用的主要数据结构为结构体数组，每个结构体成员包括的信息有音调数组指针、时长数组指针和数组长度等。数据结构代码如下所示（详见示例工程musicBox）。

```
/* 一首歌曲包含信息 */
typedef struct {
    char * music;                   //音符列表
    char * rhythm;                  //节奏列表
    char length;                    //总长度
} struct_music;
/* 从低音3到高音3对应的计数初值(系统频率为12MHz) */
code unsigned short initial[15]={0xFA15,0xFA67,…};
/* "乐曲一"简谱及节奏 */
code char m01[]=   {1,2,3,1…};   //乐曲音符列表
code char len01[]={2,2,2,2,…};  //乐曲节奏列表
…
/* 乐曲列表 */
code struct_music musTable[]={
        {m01,    len01,    sizeof(len01)},
        {m02,    len02,    sizeof(len02)},
        …
    }
```

解决系统使用的数据结构的设计后，接下来需要完成的就是设计软件系统，利用该数据结构实现需要的运行效果。

12.1.3 系统实现

本系统只有两种工作状态：播放、暂停。在播放乐曲时，按下“暂停”键可进入暂停状态，蜂鸣器停止发声；暂停状态下，按下“暂停键”可继续播放刚才暂停的音乐。不论处于播放还是暂停状态，数码管始终显示当前正在播放或被暂停的乐曲的序号，按下“下一曲”键则从头开始播放下一曲，按下“上一曲”键则从头开始播放上一曲。

经过分析，可得到本系统的任务列表如表12.1所示。

表12.1 音乐盒系统任务

任务名称	周期	备注
数码管扫描任务	5ms	4位数码管扫描，扫描周期为5ms
按键扫描任务	5ms	3按键扫描
音乐时间流逝任务	20ms	根据时间流逝控制系统播放内容，当系统处于暂停状态时无操作
“暂停”键响应任务	非周期	响应“暂停”键，暂停或继续播放
“上一曲”键响应任务	非周期	跳转到上一曲开始播放
“下一曲”键响应任务	非周期	跳转到下一曲开始播放

由表12.4可知，本系统的周期性实时任务的周期长度只有两个值：5ms和20ms。因此可以将系统心跳设为5ms。在系统频率为12MHz的情况下，心跳定时/计数器的初值为60536＝0xEC78。系统最终实现的代码详见示例工程musicBox。

12.1.4 关键代码解析

系统中相对关键的代码为“音乐时间流逝”任务。该任务为周期性实时任务，周期为20ms，其主要操作为跟随时间的流逝改变音乐播放（暂停以产生断奏效果、播放下一音符、播放下一首乐曲）。对于一个正在播放的音符来说，每过去20ms需要完成的操作如下。

（1）递减该音符的播放剩余时间。

（2）当剩余时间只有1个20ms时，关闭蜂鸣器，以到达播放过程中音符之间的断奏效果。

（3）若剩余时间为0，则意味着当前音符的播放时间结束，需要切换到下一个音符的播放。此时需要做如下判断。

（4）若当前乐曲还有音符需要播放，则播放下一个音符：根据音调设置音乐播放数的初值缓存；计算音符播放时长；打开蜂鸣器（由于上一音符的最后20ms已关闭蜂鸣器）。

（5）若当前乐曲已播放结束，则切换到下一曲从头开始播放。

其中，控制无源蜂鸣器播放相应音调的基本原理已经在第8章相关章节讲述。需要播放某个音调时只需将该音调对应的计数初值放入相应的缓存(unsigned char musBuf[2])即可。需要关闭蜂鸣器时只需暂停音乐播放对应的定时器计数(语句“TR1=0”)即可。打开蜂鸣器时使用语句“TR1=1”。

乐曲播放中,一个时间单位过去后需要完成的操作代码如下。

```
void elapse(){
    unsigned short initValue;
    length--;                    //当前剩余时间递减
    if(length ==1){              //若当前还剩余 1 个单位时间,则关闭声音,产生“断奏”效果
        TR1 =0;                  //停止定时器计数以实现音乐暂停效果
    }
    if(length ==0){              //若当前还剩余 0 个单位时间,则播放下一个音符
        point++;
        if(point ==musTable[number].length){
                                        //若当前歌曲播放完毕,则转到下一首开始
            number++;
            number %=numOfMus;
            play(number);
        }
        else{                           //当前歌曲未播放完毕,播放下一个音符
            initValue =initial[musTable[number].music[point]+4];
            length =musTable[number].rhythm[point] * 8;
            musBuf[0] =initValue>>8;    //初值高 8 位送缓存
            musBuf[1] =initValue;       //初值低 8 位送缓存
            TH1 =musBuf[0];
            TL1 =musBuf[1];
            TR1 =1;                     //打开定时器计数,继续播放乐曲
        }
    }
}
```

本系统复用了本书前述章节的数码管扫描和按键扫描的相关代码。在实际项目中并不需要 4 位数码管,使用 2 位或 1 位数码管显示即可。可以根据需要修改 tube.c 中的相关代码。

示例工程中的代码是根据图 12.3 的接线方式编写的,若在实际项目中接线引脚有所变化,可根据实际情况修改代码中引脚定义部分。实际应用中还需要考虑使用蓄电池为系统供电的问题。当解决供电问题后,把数码管、蜂鸣器和按键作为用户接口进行包装,即可得到一个玩具音乐盒。

12.2 电子日历

12.2.1 设计目标

一个带温度显示的电子日历对于一个家庭来说是非常实用的,因为它能实时提供日

期和时钟信息，还能提供实时环境温度。

本实验的设计目标就是带有温度显示的电子日历，主要功能如下：

(1) 实时显示日期、时间以及星期；

(2) 实时显示环境温度；

(3) 日期、时间及星期可设置。

根据需求，除51单片机及必要的辅助电路之外，还需补充的功能模块有：RTC模块(用于精准计时，提供日期和星期数据)、温度传感器模块(用于实时测量环境温度)、有源蜂鸣器模块(用于按键反馈)和数码管(用于显示日历和温度数据，也可用液晶屏代替)。

12.2.2 相关电路

根据功能需求和硬件电路准备情况，可得到本实验的电路如图12.2所示。

图12.2中使用了2个4位(共8位)数码管，分别由P20～P27控制每位数码管的显示。数码管的字段控制端A～H分别对应P00～P07；RTC 3个读写相关引脚(RST/CE、I/O、SCLK)分别连接P11～P13；有源蜂鸣器控制引脚为P14；温度传感器单总线连接P32；4个独立按键分别连接P37～P34。

12.2.3 功能设计

由于只有8位数码管，不可能一次性显示所有数据，因此可将系统显示部分设计为“分时复用”方式。条件允许时可以考虑使用12位数码管，扩展方式与从4位到8位的扩展类似。

由于时钟的“时”“分”为用户查看的重点，因此专门使用4位数码管显示，具体为高2位显示“时”，低2位显示“分”，“时”与“分”之间的小数点每秒闪烁一次，表示“秒”的流逝。

剩下的4位数码管以“分时复用”方式显示月、日、星期和温度。由于年份数据一般不是用户关注的，因此正常显示时不用显示；4位数码管分时显示“月.日”和“星期 温度”。具体为“月.日”和“星期 温度”各显示5s，循环显示。星期数占用1位数码管，剩余3位显示温度。考虑到室温的最大范围为－99℃～99℃，因此使用2位数码管显示保留整数的温度值。当温度为正数时，星期与温度之间空1位数码管不显示；当温度为负数时，星期后的数码管显示负号。

4个按键功能为：key1——修改日期，key2——修改时间，key3——增大，key4——减小。每次有效按键都伴随着蜂鸣器的“嘟”声。注意：在个别状态下，个别按键没有响应，此时没有“嘟”伴随，以此表示该按键此时为无效按键。

在正常显示状态下，按下key1键可以进入修改日期状态：8位数码管显示年(低2位)、月、日、星期，均以2位显示，“年”闪烁时可修改“年”；再次按key1键，将按“月”“日”和“星期”的次序出现闪烁，便可通过key3和key4键修改对应内容；当处于修改“星期”状态时，再次按下key1键，则保存修改值，返回正常显示状态。如果在修改期间5s内没有按键操作，则放弃修改，返回正常显示状态。

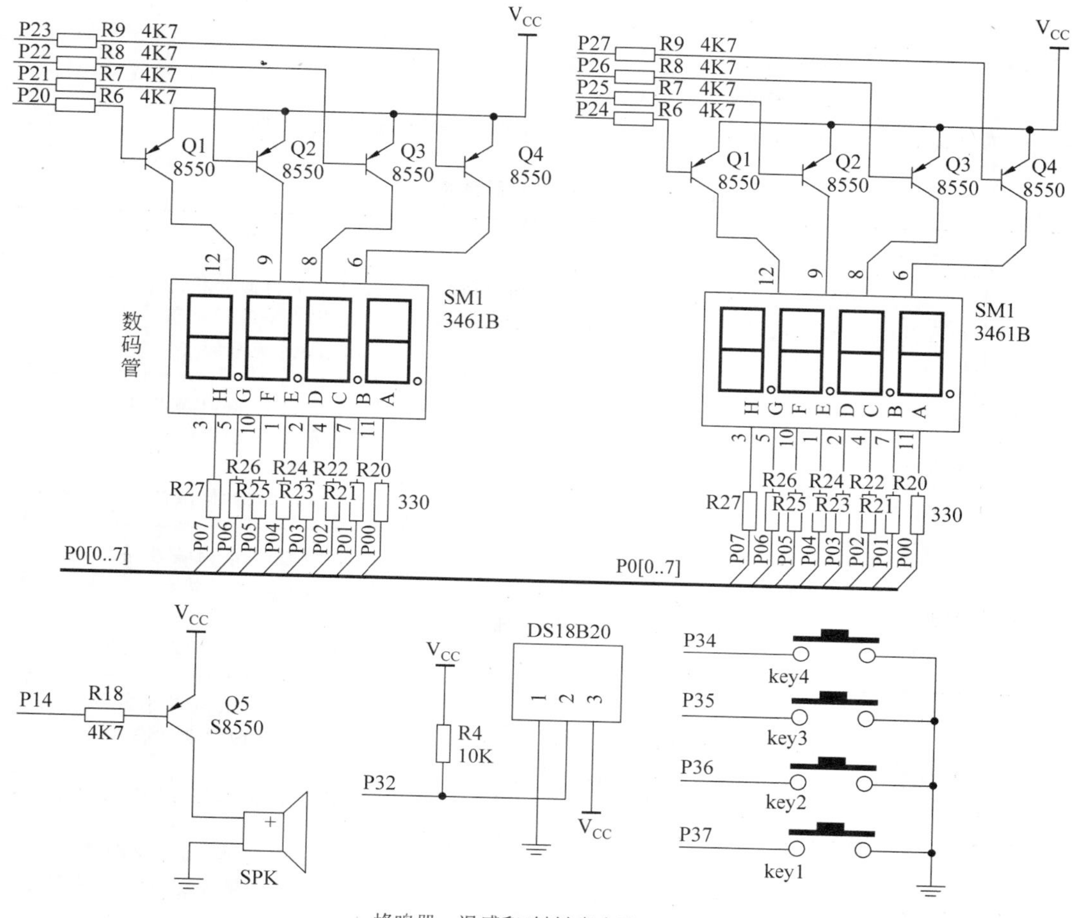

蜂鸣器、温感和4键键盘电路

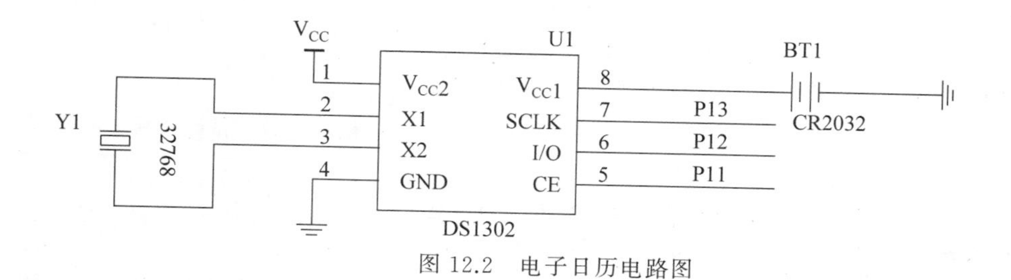

图 12.2　电子日历电路图

在正常显示状态下，按下 key2 键进入修改时钟状态：“时”闪烁时可修改“时”；再次按下 key2 键，“分”闪烁时可修改“分”；再次按下 key2 键则保存修改，返回正常显示。如果在修改期间 5s 内没有按键操作，则放弃修改，返回正常显示状态。

在修改日期期间按下 key2 键无响应；在修改时钟期间按下 key1 键无响应；在正常显示期间，按下 key3 和 key4 键无响应。

12.2.4 软件系统设计

为使编码思路清晰，将系统工作状态进行如下划分，如表 12.2 所示。

表 12.2 电子日历系统状态

序号	名称	描述	按键响应
0	正常显示	数码管 0～3 交替显示“月.日”和“星期 温度”；数码管 4～7 显示“时.分”，中间小数点闪烁	key1 进入修改年状态 key2 进入修改时状态 key3、key4 无响应
1	修改年	数码管 0～1 显示年，2～3 显示月，4～5 显示日，6～7 显示星期，“年”闪烁	key3 增加年，key4 减小年 key1 进入修改月状态 key2 无响应 5s 无操作，放弃修改回到正常显示
2	修改月	数码管 0～1 显示年，2～3 显示月，4～5 显示日，6～7 显示星期，“月”闪烁	key3 增加月，key4 减小月 key1 进入修改日状态 key2 无响应 5s 无操作，放弃修改回到正常显示
3	修改日	数码管 0～1 显示年，2～3 显示月，4～5 显示日，6～7 显示星期，“日”闪烁	key3 增加日，key4 减小日 key1 进入修改星期状态 key2 无响应 5s 无操作，放弃修改回到正常显示
4	修改星期	数码管 0～1 显示年，2～3 显示月，4～5 显示日，6～7 显示星期，“星期”闪烁	key3、key4 增加/减小星期 key1 保存日期修改，回到正常显示 key2 无响应 5s 无操作，放弃修改回到正常显示
5	修改时	数码管 0～3 交替显示“月.日”和“星期 温度”；数码管 4～7 显示“时.分”，“时”闪烁，秒点不再闪烁	key3、key4 增加/减小时 key2 进入修改分状态 key1 无响应 5s 无操作，放弃修改回到正常显示
6	修改分	数码管 0～3 交替显示“月.日”和“星期 温度”；数码管 4～7 显示“时.分”，“分”闪烁，秒点不再闪烁	key3、key4 增加/减小分 key2 保存时钟修改，回到正常显示 key1 无响应 5s 无操作，放弃修改回到正常显示

编码时使用全局变量 sys_stat 记录系统状态，并根据该值刷新显存和响应（或不响应）各事件的发生。

不论系统处于哪一种状态，数码管显示和按键的扫描均不会停止。为简化编码，温度数据的获取也不区分系统状态，同时将读取温度操作分为两步完成，以避免任务持续的时间过长，因此可得到系统任务如表 12.3 所示。

表 12.3 电子日历系统任务

系统状态	任务名称	周期	备注
不区分状态	数码管扫描	2.5ms	8位数码管扫描,扫描周期2.5ms
	按键扫描	2.5ms	4按键扫描
	DS18B20复位	10s	温度相关操作阶段(1)
	DS18B20温度转换命令	10s	温度相关操作阶段(2)
	DS18B20复位	10s	温度相关操作阶段(3)
	DS18B20获取温度(1)	10s	温度相关操作阶段(4)
	DS18B20获取温度(2)	10s	温度相关操作阶段(5)
正常显示状态	半秒任务	0.5s	闪烁"秒点"
	秒任务	1s	累加秒值,当秒为0时从RTC更新
	轮显	5s	"月.日"和"星期 温度"轮显
	key1	非周期	进入修改年状态
	key2	非周期	进入修改时状态
修改年/月/日/星期状态	半秒任务	0.5s	闪烁"年""月""日""星期"
	秒任务	1s	累加秒值,当秒为0时从RTC更新
	key1	非周期	进入修改月/日/星期状态,或保存修改返回(修改星期后)
	key3	非周期	增加年/月/日/星期
	key4	非周期	减小年/月/日/星期
修改时/分状态	半秒任务	0.5s	闪烁"时"/"分"
	轮显	5s	"月.日"和"星期 温度"轮显
	key2	非周期	进入修改分状态,或保存修改返回(修改分后)
	key3	非周期	增加时/分
	key4	非周期	减小时/分

从表12.3中可分析出心跳周期为$\Delta t=2.5\text{ms}$,最长周期为$10\text{s}=4000\Delta t$。如果避开系统状态不考虑,则系统内的周期性实时任务如表12.4所示。

表 12.4 电子日历系统周期性实时任务

任务名称	标志位	周期	备注
数码管扫描	c_tube	2.5ms	
按键扫描	c_key	2.5ms	
半秒任务	c_hsec	0.5s	

续表

任务名称	标志位	周期	备注
秒任务	c_sec	1s	
轮显	c_sc	5s	
DS18B20 复位	c_tmp01	10s	
DS18B20 温度转换命令	c_tmp02	10s	
DS18B20 复位	c_tmp03	10s	周期相同,但有严格的执行顺序
DS18B20 获取温度(1)	c_tmp04	10s	
DS18B20 获取温度(2)	c_tmp05	10s	

表 12.4 中的标志位均在心跳函数中产生,同时,在心跳函数内还要完成 2 个延时任务:5s 延时任务(5s 无操作判断)和 100ms 延时任务(蜂鸣器延时关闭)。请读者参考示例工程 clock 中 main.c 中的中断函数 init_timer0()。注意:前面章节将延时任务放置于主循环中,以普通任务方式呈现,这里将实时任务放入心跳函数,可以有效缩短主循环代码长度。读者也可以根据自身喜好将其放置到主循环。

确保各标志位按预定周期及预定顺序产生后,主循环需要实现的就是根据心跳函数产生的标志位以及所处的系统状态执行相应的操作,详情请查看示例工程 clock。

最后的实现效果如图 12.3 所示。

图 12.3　电子日历实现效果图

图 12.3 中的前 4 位数码管正在显示"星期 温度",后 4 位数码管正在显示"时.分"。"时.分"中间的小数点每秒闪烁一次。在具体工程中,可以考虑使用液晶屏或 12 位数码管,从而不再需要分时复用显示。12 位数码管的扩展方式与 4~8 位的扩展类似。与玩具音乐盒一样,如果将系统的主要部分封装起来,留出按键和数码管作为外部接口,再配合适当的外观,即可得到最终产品。

12.2.5 关键代码解析

本系统中，由于 RTC 读出和写入的数据均以类 BCD 码的方式完成，因此为避免其余二进制数据的转换操作，系统内与 RTC 相关的数据均应保持原有格式。但在对数据进行加减操作时，需要考虑进位和借位的问题；同时，系统内涉及加减操作的对象包括年、月、日、时、分、星期等，各自的范围均不同。为使得加减操作能最大限度地满足本系统的需要，需要在参数中加入变化上限和下限参数，具体代码如下。

```
//增 1 操作函数
void incHex(unsigned char * d,unsigned char max,unsigned char min){
    if((*d)==max) (*d) =min;                    //若值已经是上限,则将其置位下限值
    else{
        (*d)++;
        if(((*d)&0x0F)==0x0A) *d +=0x6;        //若低位为 10,则进位并置低位为 0
    }
}
//减 1 操作函数
void decHex(unsigned char * d,unsigned char max,unsigned char min){
    if((*d)==min) (*d) =max;                    //若值已经是下限,则将其置位上限值
    else{
        if(((*d)&0x0F)==0x00) *d -=0x07;       //若低位为 0,借位并置低位为 9
        else (*d)--;
    }
}
```

其中，*d 为操作对象，max 为上限值，min 为下限值。

本实验中由于使用的是 8 位数码管，因此驱动数码管显示的代码将有别于 4 位数码管的驱动，请读者查看工程 tube.c 中的 tubeScan()函数；同时在本系统中还需要显示“负号”，因此在数码管字形码列表中增加了一个成员，即在原来的基础上，数组末尾加入了“负号”的字形代码。

12.3 物联网应用——App 遥控灯

在物联网概念逐渐融入日常生活的今天，人们渐渐淡忘了物联网的概念，认为家电联网已经是理所当然的事情。到目前为止，本书还没有讲述将 51 单片机联网的内容。接下来将要介绍的是一款串口 Wi-Fi 模块，其主要特性是单片机通过一系列 AT 指令与之交流，而连接 Wi-Fi 路由器以及与其他网络终端通信的工作将全部交由模块完成。屏蔽了 TCP/IP 族和 Wi-Fi 路由的相关细节，使得网络通信变得“透明”而简单。

12.3.1 ATK-ESP8266 Wi-Fi 模块简介

ATK-ESP8266 Wi-Fi 模块是能够屏蔽 TCP/IP 底层操作细节的 Wi-Fi 模块之一，它

与单片机的接口仅为串行口。ATK-ESP8266 Wi-Fi 模块的实物如图 12.4 所示。

图 12.4　ATK-ESP8266 Wi-Fi 模块实物图

不同厂家使用 ATK-ESP8266 Wi-Fi 芯片加上辅助电路和天线生产出 Wi-Fi 模块，其性能有一定差距，但基本功能是一致的。该模块具有宽电压适应性，能支持 3.3V 和 5V 单片机系统。该模块主要使用 RxD 引脚和 TxD 引脚以异步串行通信方式与外界进行沟通。

一些厂家封装的 Wi-Fi 模块在出厂时的波特率为 115200b/s，而 51 单片机在系统时钟为 11.0592MHz 的情况下能支持的最高波特率为 57600b/s。要想该模块能与 51 单片机联机工作，则需要使用 ATK-ESP8266 芯片的 AT 指令修改模块的通信波特率。同时，控制 Wi-Fi 模块完成联网以及数据收发都是通过串口向模块发送一系列 AT 命令实现的。表 12.5 列出了部分 ESP8266 芯片的 AT 指令及功能，关于更详细的 ESP8266 芯片相关内容，请读者自行查阅 ESP8266 数据手册及操作指南。

表 12.5 中涉及 Wi-Fi 模块工作模式的选择问题，通常可遵照这样的原则：当 Wi-Fi 模块作为普通网络终端通过已有 Wi-Fi 路由器联网通信时，使用 Station 模式；当模块需作为类似于无线路由器的 Wi-Fi 热点提供设备时，需工作在 SoftAP 模式；当需要 Wi-Fi 模块作为类似于具有中继功能的无线路由器时（即通过 Wi-Fi 连接已有热点，其本身又为其他终端提供热点），需工作在 SoftAP+Station 模式。

表 12.5 中有 2 条波特率设置指令，其主要区别是复位后是否恢复到原有波特率，即设置是否被存到 flash 芯片长期保持。第一条指令将设置的波特率参数存入 flash 芯片，第二条只存放于 RAM。

表 12.5　ATK-ESP8266 常用 AT 指令

功能	指令格式	参数说明	示例
波特率	AT+UART=<baudrate>, <databits>, <stopbits>, <parity>, <flowcontrol>	baudrate：波特率 databits：数据位数 5,6,7,8 stopbits：停止位数 1(1 位),2(1.5 位),3(2 位) parity：奇偶校验 0(无),1(奇),2(偶) flowcontrol：流控 0(无),1(RTS),2(CTS),3(RTS+CTS)	AT+UART=57600,8,1,0,0 注意：设置的波特率长期有效，慎用

续表

功能	指令格式	参数说明	示例
临时波特率	AT+UART_CUR=…	参数与 AT+UART 一致，但波特率只在零时被改变，断电后恢复原有波特率，当不能确定波特率设置参数时，使用该指令，若能正常工作，则再用 AT+UART 指令使用相同参数永久设置波特率	AT+UART_CUR=57600,8,1,0,0
工作模式	AT+CWMODE=<mode>	<mode>： 1：Station 模式 2：SoftAP 模式 3：SoftAP+Station 模式	AT+CWMODE=1，设置 Wi-Fi 模块为 Station 模式
复位	AT+RST	无参数复位芯片	AT+RST
连接热点	AT+CWJAP=<ssid>,<pwd>[,<bssid>]	<ssid>：目标热点的 SSID <pwd>：密码 [<bssid>]：目标 AP 的 MAC 地址，一般用于有多个 SSID 相同的 AP 的情况，可不用此参数	AT+CWJAP="abc","12345678"， 连接热点 abc，密码为 12345678
配置热点	AT+CWSAP=<ssid>,<pwd>,<chl>,<ecn>	<ssid>：字符串参数，接入点名称 <pwd>：字符串参数，密码，8～64 字节 ASCII <chl>：通道号 <ecn>：加密方式，不支持 WEP 0:OPEN;2:WPA_PSK; 3:WPA2_PSK;4:WPA_WPA2_PSK	AT+CWSAP="myW","12345678",1,4
连接模式	AT+CIPMUX=<mode>	<mode>： 0：单连接模式（客户端常采用单连接） 1：多连接模式（TCP 服务端常采用多连接）	AT+CIPMUX=0
建立连接	AT+CIPSTART=[<linkID>,]<type>,<remote IP>,<remote port>	<link ID>：网络连接 ID (0 ～ 4)，用于多连接的情况 <type>：字符串参数，连接类型，"TCP"，"UDP"或"SSL" <remoteIP>：字符串参数，远端 IP 地址 <remoteport>：远端端口号	AT+CIPSTART="UDP","192.168.1.3",8080
发送数据	AT+CIPSEND=[<linkID>,]<length>	<link ID>：网络连接 ID 号(0～4)，多连接的情况 <length>：数字参数，表明发送数据的长度 [<remote IP>]：UDP 传输可以设置对端 IP [<remote port>]：UDP 传输可以设置对端端口	单链接： AT+CIPSEND=8 多连接： AT+CIPSEND=0,8

续表

功能	指令格式	参数说明	示例
传输模式	AT+CIPMODE=<mode>	<mode>： 0：普通传输模式 1：透传模式，仅支持TCP单连接和UDP固定通信对端的情况	AT+CIPMODE=1

表12.5列出了一些网络通信必要的AT指令。当需要向ESP8266芯片发出指令时，只需通过异步串行通信口将对应的AT指令以字符串方式发给ESP8266芯片即可。需要注意的是，以上指令末尾均需加上字串"\r\n"以表示一个字串结束。如果使用串口调试助手发送AT指令，则需勾选“发送新行”复选框，详见后续章节。当需要将Wi-Fi芯片设置为Station模式时，需要通过异步串行通信口发出如下字符串："AT+CWMODE=1\r\n"。每条指令都有一定的反馈信息，由ESP8266芯片通过异步串行通信口传输过来，通过反馈信息可以知道指令的执行情况。关于每条指令的反馈信息的意义，请参考ESP8266芯片的相关资料。

12.3.2 ATK-ESP8266的配置

表12.6至表12.8列出了Wi-Fi模块在AP模式下几种应用场景的设置过程。可以发现，开始三步的操作是一致的，都需要设置工作模式、复位生效、设置热点参数。由于前3条指令的影响是永久性的，因此在应用场景没有变化的情况下，再次上电启动后只需发送后续指令即可。

从表12.8中可发现TCP服务器与客户端的不同在于是否开启多连接；UPD与TCP客户端的区别在于建立连接时使用的是"TCP"还是"UDP"；3种应用场景下只有TCP客户端支持透传模式。

表12.6 AP模式下TCP服务器配置指令序列

发送的指令	作　用
AT+CWMODE=2	设置模块Wi-Fi模式为AP模式
AT+RST	重启生效
AT+CWSAP="mywifi","12345678",1,4	设置模块的AP参数：SSID为mywifi，密码为12345678，通道号为1，加密方式为WPA_WPA2_PSK
AT+CIPSTA_CUR="192.168.1.240"	设置Wi-Fi模块的IP地址，该地址需符合路由器地址范围且不冲突
AT+CIPMUX=1	开启多连接
AT+CIPSERVER=1,8080	开启SERVER模式，设置端口为8080
AT+CIPSEND=0,25	向连接ID0发送25字节的数据包

表 12.7 AP 模式下 TCP 客户端配置指令序列

发送的指令	作　　用
AT+CWMODE=2	设置模块 Wi-Fi 模式为 AP 模式
AT+RST	重启生效
AT+CWSAP="mywifi","12345678",1,4	设置模块的 AP 参数：SSID 为 mywifi,密码为 12345678,通道号为 1,加密方式为 WPA_WPA2_PSK
AT+CIPMUX=0	开启单连接
AT+CIPSTART="TCP","192.168.4.XXX",8080	建立 TCP 连接到"192.168.4.XXX",8080
AT+CIPMODE=1	开启透传模式(仅单连接 client 时支持)
AT+CIPSEND	开始发送数据

表 12.8 AP 模式下 UDP 配置指令序列

发送的指令	作　　用
AT+CWMODE=2	设置模块 Wi-Fi 模式为 AP 模式
AT+RST	重启生效
AT+CWSAP="mywifi","12345678",1,4	设置模块的 AP 参数：SSID 为 mywifi,密码为 12345678,通道号为 1,加密方式为 WPA_WPA2_PSK
AT+CIPMUX=0	开启单连接
AT+CIPSTART="UDP","192.168.4.XXX",8080	建立 UDP 连接到"192.168.4.XXX",8080
AT+CIPSEND=25	向目标 UDP 发送 25 字节数据

在 TCP 客户端透传模式下,需要通过 Wi-Fi 模块发送的数据直接通过串口发送给 Wi-Fi 模块即可。在非透传模式下,每次发送数据前都需要先使用 AT+CIPSEND 指令告诉 Wi-Fi 模块接下来要发送的字节数,然后才向其发送具体字节串。

表 12.9 列出了 Wi-Fi 模块在 STA 模式下 TCP 服务器的配置过程,可以发现其与 AP 模式下的 TCP 服务器配置的区别是第一步和第三步。第一步配置工作模式是指定不同的工作模式;在 AP 模式下的第三步设置热点参数,STA 模式下则为加入热点。

表 12.9 STA 模式下 TCP 服务器配置指令序列

发送的指令	作　　用
AT+CWMODE=1	设置模块 Wi-Fi 模式为 STA 模式
AT+RST	重启生效
AT+CWJAP="mywifi","12345678"	连接热点 mywifi,密码为 12345678
AT+CIPSTA_CUR="192.168.1.240"	设置 Wi-Fi 模块的 IP 地址,该地址需符合路由器地址范围且不冲突

续表

发送的指令	作　　用
AT+CIPMUX=1	开启多连接
AT+CIPSERVER=1,8080	开启SERVER模式,设置端口为8080
AT+CIPSEND=0,25	向连接ID0发送25字节数据包

表12.10和表12.11分别列出了STA模式下TCP客户端和UDP的配置指令序列。与AP模式下配置的区别一致,都是在连接时指定UDP或是TCP,STA模式下的TCP客户端同样支持透传。

表12.10　STA模式下TCP客户端配置指令序列

发送的指令	作　　用
AT+CWMODE=1	设置模块Wi-Fi模式为AP模式
AT+RST	重启生效
AT+CWJAP="mywifi","12345678"	连接热点mywifi,密码为12345678
AT+CIPMUX=0	开启单连接
AT+CIPSTART="TCP","192.168.4.XXX",8080	建立TCP连接到"192.168.4.XXX",8080
AT+CIPMODE=1	开启透传模式(仅单连接client时支持)
AT+CIPSEND	开始发送数据

表12.11　STA模式下UDP配置指令序列

发送的指令	作　　用
AT+CWMODE=1	设置模块Wi-Fi模式为AP模式
AT+RST	重启生效
AT+CWSAP="mywifi","12345678"	连接热点mywifi,密码为12345678
AT+CIPMUX=0	开启单连接
AT+CIPSTART="UDP","192.168.4.XXX",8080	建立UDP连接到"192.168.4.XXX",8080
AT+CIPSEND=25	向目标UDP发送25字节数据

上述表格在设置工作模式并建立连接后(TCP客户端或UDP)即可开始发送数据。各种模式配置结束后,模块用于接收数据的端口还是不确定的。只有在发送数据时才能随机确定,然后使用该端口接收数据。服务器端接收到该数据后获取端口号和IP地址,然后正常通信。当Wi-Fi模块接收到数据后会通过串行通信口传输出来。如果是在TCP客户端透传模式下,则Wi-Fi模块从网络上接收到什么数据就向串行通信口发送什么数据。在非透传模式下,Wi-Fi模块还会在接收到的数据前加上一些描述信息,具体详

情请查阅相关资料。

12.3.3 波特率设置

由于模块出厂时设置的通信波特率较高，51单片机可支持的最高波特率为57600b/s（详见表10.5），因此在将模块接入51单片机系统前，需将Wi-Fi模块串口的通信波特率设置为57600b/s才可能与其通信，完成联网和数据收发等工作。

使用PC串口设置Wi-Fi模块波特率的流程基本步骤为：将Wi-Fi模块通过串行通信方式与PC连接；使用串口调试软件向Wi-Fi模块发送AT指令，设置Wi-Fi模块的波特率。

1. PC与Wi-Fi模块的连接

Wi-Fi模块连接PC的办法有两种：使用专门的USB转串口设备实现PC与Wi-Fi模块的连接；使用开发板上的USB转串口电路实现连接。

（1）使用专门的USB转串口设备实现PC与Wi-Fi模块的连接。

由于Wi-Fi模块接收的是TTL串口信号，因此即使PC有RS232串口，也无法直接与之连接实现通信。可以购买专门的USB转串口模块以实现与Wi-Fi模块的连接。图12.5是某厂家封装了SUB转TTL串口芯片的设备，其通过USB口与PC连接，通过RxD、TxD、VCC、GND、RTS和CTS与Wi-Fi模块连接。通常Wi-Fi模块没有提供RTS和CTS[①]引脚，只需连接RxD和TxD以及电源引脚即可实现串行通信。

图12.5 USB转串口设备

注意：*通常需要安装设备使用的USB转串口芯片的驱动程序才能实现通信。*

（2）使用开发板上的USB转串口电路实现连接。

若51单片机是通过串口下载代码的，则下载代码时必然需要SUB转TTL串口电路。为方便开发者，一些51开发板本身携带USB转串口电路，其连接基本原理如图12.6所示。

从图12.6中可以看出，51单片机实际上是通过由USB转串口相关电路提供的RxD和TxD与PC相连的，如果从开发板上拿掉51单片机，将VCC、GND、RxD和TxD连接到Wi-Fi模块对应的引脚，则可以达到使用图12.5所示设备进行连接的效果。

因此通过开发板自带的USB转串口与Wi-Fi模块通信的连接步骤为：从开发板上

① 关于串行通信中的RTS和CTS的作用，请自行查阅异步串行通信的相关知识。

拿掉51单片机(通常开发板上的51单片机都可以被取下来的),以免通信时受到单片机的干扰;将开发板上的VCC和GND引脚与Wi-Fi模块对应的引脚对接;将开发板上引出的P30(对应于51单片机的RxD)与Wi-Fi模块的RxD连接,P31(对应于51单片机的TxD)与Wi-Fi模块的TxD连接。连接完成后,Wi-Fi模块就可以完全代替51单片机与PC通过串行口通信了。

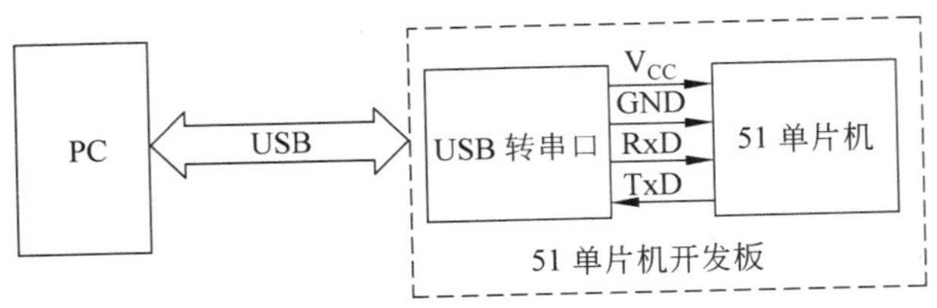

图12.6　开发板带USB转串口电路连接原理图

2. 通过串口设置Wi-Fi模块波特率

当硬件连接完成后,接下来的工作就是通过串口软件向Wi-Fi模块发送AT指令。读者需要通过模块相关资料了解Wi-Fi模块默认的波特率以及其他串口相关参数。打开串口调试助手后,选择Wi-Fi模块对应的串口(参照图12.7)、设置相应的波特率(通常波特为115200b/s)、校验(通常为无校验)、数据位(通常为8位数据位)和停止位(通常为1位停止位)。设置后的界面如图12.7所示,只是具体串口的通信参数可能会有所不同。

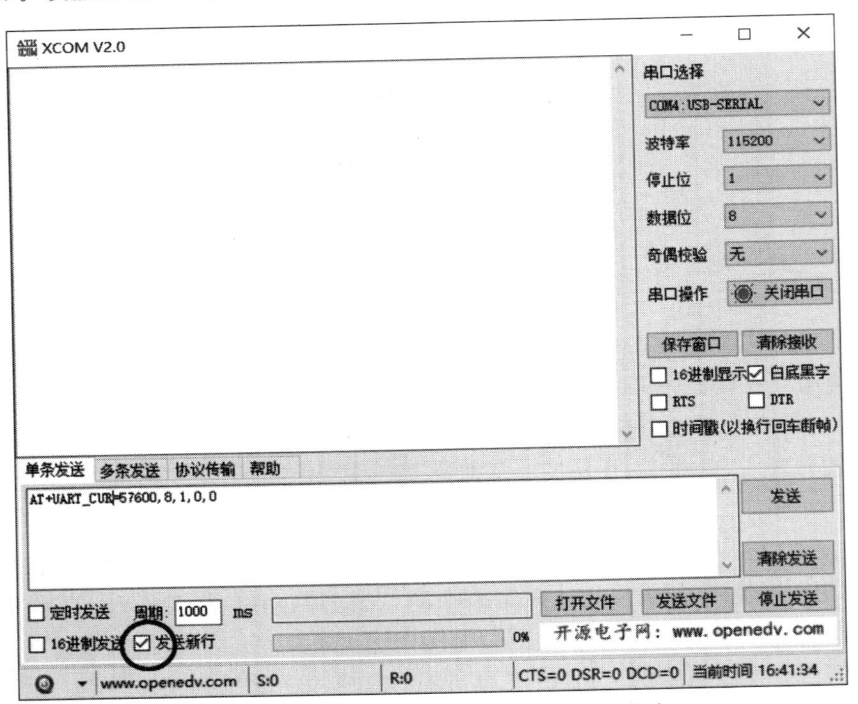

图12.7　串口调试助手设置Wi-Fi模块波特率

注意：图 12.7 左下角画圈处的“发送新行”前的复选框必须勾选(发送结束透传模式指令除外)，软件调试助手在发送一个字符串后会自动在末尾加上"\r\n"。在发送区域输入 AT 指令后单击“发送”按钮即可完成 AT 指令的发送。如果一切正常，则串口调试助手会收到一些来自于 Wi-Fi 模块的反馈信息。具体设置步骤如下。

(1) 使用 AT+UART_CUR 指令临时修改 Wi-Fi 模块的串口参数。

如指令“AT+UART_CUR=57600,8,1,0,0”可以将 Wi-Fi 模块的串口设置为 57600b/s、8 个数据位、1 个停止位、无校验、无 CTS 和 RTS。收到反馈信息后，将串口调试助手的波特率改为新的波特率，再次发送 AT 指令，如能收到反馈信息，则意味着 Wi-Fi 模块新的串口设置成功。如果未收到反馈信息，则可能设置有误。由于串口一旦设置出错后将无法使其与 PC 通信，此时重新上电，会让 Wi-Fi 模块串口的设置恢复为原始状态，这也是为什么要先用 AT+UART_CUR 指令临时修改 Wi-Fi 模块串口参数的原因。

(2) 使用 AT+UART 指令永久修改 Wi-Fi 模块的串口参数。

使用 AT+UART_CUR 修改串口参数后，在通信一切正常的前提下，就可以使用 AT+UART 指令了。但必须注意，AT+UART 指令跟随的参数与 AT+UART 指令跟随的参数必须完全一致，以确保设置无误。使用 AT+UART 指令修改串口参数后，即使给 Wi-Fi 模块断电，重新供电后 Wi-Fi 模块的串口参数也还保持被修改后的状态。

注意：如果由于 AT+UART 指令修改串口参数有误，则需要非 AT 指令的手段才能将其恢复，因此使用该指令前请反复使用 AT+UART_CUR 指令验证参数。

当设置 Wi-Fi 模块串口参数后，可以通过串口调试助手向 Wi-Fi 模块发送一系列 AT 指令对其进行测试。按照表 12.11 的指令序列可以实现使用 Wi-Fi 模块通过 UDP 方式完成数据收发，而此时还需要通过网络调试助手验证网络通信。具体操作请自行查阅模块相关资料。

12.3.4 硬件连接

本应用中涉及两个外设：Wi-Fi 模块和继电器模块。这两个模块都有电源相关引脚，直接与开发板的 VCC 和 GND 引脚相连即可。

Wi-Fi 模块与通信相关的引脚有 TxD 和 TxD，与 51 单片机连接时需要采用交叉对接方式，即 Wi-Fi 模块的 TxD(数据发送引脚)连接 51 单片机的 RxD(P30、数据接收引脚)，Wi-Fi 模块的 RxD 引脚连接 51 单片机的 TxD(P31)，这与借用 51 开发板 USB 转出口电路实现 Wi-Fi 模块与 PC 通信时的连接相反。需要注意的是，当使用 51 单片的串行口下载代码时，如串口同时还连接了 Wi-Fi 模块，则可能会烧录失败。因此向 51 单片机下载代码前最好断开与 Wi-Fi 模块的连接，代码下载结束后再连接 Wi-Fi 模块进行调试。

51 单片机与继电器模块的连接比较简单，只需任意选择一个 I/O 引脚与继电器的 IN 引脚连接即可。例如，可以使用 P10 引脚连接继电器模块。对应继电器强电端，可以将电源火线接入继电器的 COM(公共)端，NC 端连接到交流电器(本应用为白炽灯，也可以是其他普通交流电器)，交流电器的零线端直接与电源零线相连。在继电器为低电平触发的情况下，当 IN 端为高电平时，继电器处于开闸状态，COM 端与 ON 端连接，白炽灯电路为开路状态；当 IN 端为低电平时，继电器处于合闸状态，COM 端与 NC 端接通，白炽灯电路形成回路，连接基本原理如图 12.8 所示。

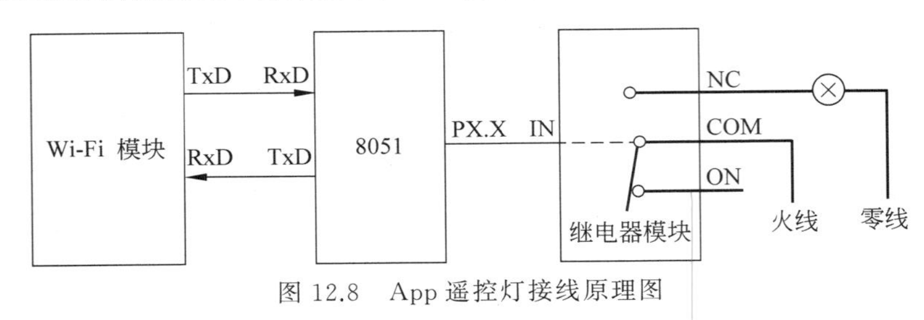

图 12.8　App 遥控灯接线原理图

图 12.8 中继电器模块的单刀双掷开关受 IN 输入信号控制，当 IN＝1 时，开关打向 ON 端，白炽灯电路开路；当 IN＝0 时，开关打向 NC 端，白炽灯电路形成闭路。需要**特别注意**的是：有些继电器强电端的 3 个引脚的焊接点没有做绝缘处理，使用时很容易触电，使用前请处理强电端的绝缘问题；连接强电线路时需注意强电操作规范。

12.3.5　软件设计

由于本应用希望移动端能连接 Wi-Fi 模块实现网络通信，移动端 App 随时可能关闭或离开通信范围，因此应选择 Wi-Fi 模块作为网络通信的服务器端。综合分析应用场景，Wi-Fi 模块采用 station 模式更恰当。此时移动端和 Wi-Fi 模块需连接到同一个 Wi-Fi 热点，移动端随时可以通过路由器连接 Internet，也能与 Wi-Fi 模块通信；本应用只局限于局域网内的控制，选择 UDP 方式和 TCP 方式均可以。通过分析最终把 Wi-Fi 模块确定为 station 模式的 TCP 服务器工作方式。因此对模块的配置需参照表 12.9 进行。

表 12.9 的配置序列并不是在每次 Wi-Fi 模块启动后都需要的，在序列中断前 3 步设置 Wi-Fi 模块的工作模式和加入热点，设置结束后会永久生效，可以在 PC 环境下通过串口调试助手设置。编码时对 Wi-Fi 模块的配置只涉及第 4、5、6 步。第 7 步只有在需要向某链路发送数据时才会使用。

Wi-Fi 模块从加电启动到连接热点、获取 IP 需要的时间较长，大约为 5～20s，这与 Wi-Fi 环境有一定关系。如果 51 单片机与 Wi-Fi 模块同时加电启动，则在向 Wi-Fi 模块发送第 4 条 AT 指令前必须等待，直到模块连接热点并成功获取 IP 地址。为确保在最坏的情况下仍然能正常工作，51 单片机在启动后至少需要等待 20s 才能向 Wi-Fi 模块发送 AT 指令。同时，第 4、5、6 条指令之间也应该有一定的时间间隔（如 1s），以确保在上一条指令执行成功后再向模块发送下一条指令。当然也可以通过获取 Wi-Fi 模块的反馈信息确定下一步是否可以执行，在提高系统运行可靠性的同时也会增加程序的复杂性。

在 Wi-Fi 模块的第 4、5、6 步设置完成后，就要开始等待 TCP 连接并完成通信。因此可以认为系统有多种运行状态，如表 12.12 所示。

表 12.12 App 遥控灯系统状态表

状态顺序号	描　述	等待时间/s
状态 0	等待 Wi-Fi 模块上电后加入热点、获取 IP 地址，然后设定模块 IP	约 20
状态 1	等待 Wi-Fi 模块重新设定 IP 地址，然后打开模块多连接	约 1
状态 2	等待 Wi-Fi 模块打开多链接，然后启动 TCP 服务	约 1
状态 3	等待接收数据，做出响应	

示例工程代码中，将 Wi-Fi 模块的 IP 地址设为 192.169.0.240，TCP 服务端口为 8080，使用该工程时需根据实际网络情况设定 IP 地址和端口。为便于观察 Wi-Fi 模块是否准备好接收数据，在状态 0～2 时，数码管显示"r...."；当准备就绪进入状态 3 时，数码管显示 900d(good)。当 Wi-Fi 模块(TCP 服务器)收到 ON 时开灯，Wi-Fi 模块回送"OK!"，同时数码管显示 On；当 Wi-Fi 模块收到 OFF 时关灯，回送"OK!"，显示 OFF。详见示例工程 wifi。

在工程应用中，为确保安全性，需要在会话层通信协议中加入安全控制相关内容，请读者自行查阅网络传输安全相关资料。

12.3.6 关键代码解析

示例工程中，有两部分代码值得读者留意：串口接收数据代码和通过 Wi-Fi 模块发送数据代码。

1. 串口接收数据代码

本示例工程中，串口接收数据时只对 Wi-Fi 模块从网络上接收到的数据感兴趣，其他数据一律丢弃。当 Wi-Fi 模块被配置为 TCP 服务器模块时，它会为每个 TCP 链路进行编号，一般为 0～4，当从第 n 号链路接收到字符串时，Wi-Fi 模块从串口送出的字符串格式为+IPD,n,m:XXXX，其中 n 为链路号，m 为字符串字节数，XXXX 为具体收到的字符串。如从 0 号链路接收到字符串 ON，则与之连接的 51 单片机就会从 Wi-Fi 模块接收到+IPD,0,2:ON。

因此在串口接收数据时，首先检查其是否以"+IPD,"打头；然后将接下来的数字转换为链路号，以备回送数据时使用；遇到","后将后边的数字转换为字符串长度，为接下来判断接收数据结束作为依据；遇到":"后将数据放入 rcvBuffer[]，直到字符串接收结束，置状态标志位 s_rcvSuccessed 为 1，等待主循环查询使用。代码详见示例工程 wifi 源文件 serial.c 中的串口中断函数 int_serial()。如果需要对 Wi-Fi 模块设置过程中的反馈数据进行分析，则需将该部分代码改为第 10 章的相应内容，以接收任何一个以"\r\n"结尾的数据包。

2. 通过 Wi-Fi 模块发送数据代码

工程设计中接收到 ON 或 OFF 后，都需要回送字符串"OK!"，作为 TCP 服务器的

Wi-Fi模块回送数据时需要链路号。具体AT指令为“AT+CIPSEND=n,m\r\n”，其中n为链路号，m为即将发送的字符串长度，发送“OK!”时为3。链路号是在串口接收数据时获得的，是可能变化的。为减少RAM空间的占用，工程将几个可能的链路号所对应的AT指令预先放到程序存储器，代码如下。

```
code unsigned char echo0[] ="AT+CIPSEND=0,3\r\n";
code unsigned char echo1[] ="AT+CIPSEND=1,3\r\n";
code unsigned char echo2[] ="AT+CIPSEND=2,3\r\n";
code unsigned char echo3[] ="AT+CIPSEND=3,3\r\n";
code unsigned char echo4[] ="AT+CIPSEND=4,3\r\n";
code unsigned char * echo[]={echo0,echo1,echo2,echo3,echo4};
```

这样在需要回送数据时直接根据链路号从数组echo[]中获取字符串即可，以程序存储的空间换取了重新组装数组所需要的时间和RAM空间。

由于AT指令在发送回时需等待一段时间（数毫秒）后才能将需要发送的数据从串口送给Wi-Fi模块，因此工程中加入了一个倒计时任务。在需要回送“OK!”的地方发送AT指令后，置倒计时变量send_count为某一确定的值（约50ms），主循环中根据每次心跳对send_count进行递减，直到send_count为0时发送字符串“OK!”。

将本工程应用在实际中时可将数码管显示部分改为使用LED灯指示Wi-Fi模块工作状态以节省成本；同时还需另行设计51单片机的供电电路，以使产品能在直接连接220V交流电情况下正常工作。如果希望移动App端在广域网下能控制该App遥控灯，则需要借助于广域网中的服务器作为信息的中转站。关于如何使两个处于广域网且均无固定广域网IP的设备通信，请读者自行查阅相关资料。同样，关于如何编写移动端App实现与TCP服务器建立连接、发送数据、接收数据等问题，请读者自行查阅“安卓App开发”和“IOS应用开发”的相关资料。

本章小结

本章通过三个工程实例展示了工程设计基本过程，包括分析设计目标以及系统详细功能；对系统状态和子任务进行分解划分；最后编码。在物联网应用中增加了无线Wi-Fi模块的应用知识，使嵌入单片机的智能设备得以与网络连接，为51单片机智能设备连接Internet提供了一个途径。

练习

12.1 修改示例工程musicBox的代码，实现如下效果。

增加一个4×4的矩阵键盘和一个独立按键（弹奏按键），当按下“弹奏”按键后，用户可以通过4×4的矩阵键盘弹奏音乐。

12.2 修改示例工程clock的代码，实现如下效果。

增加一个无源蜂鸣器，在系统中加入闹钟相关功能（关闹钟、开闹钟、设定闹钟时间、查看闹钟时间、闹钟时间点播放乐曲、在播放乐曲过程中关闭闹钟乐曲)。

12.3 修改示例工程 Wi-Fi 的代码,实现如下效果。

增加声音感应器和光感应器。在关灯的前提下,当光线较暗时,检测到有声音,则开灯;当处于开灯的情况下,若 15 分钟内未检测到声音,则关灯。该练习也可以将声音感应器用红外感应器代替或同时使用。

12.4 设计一个具有 2 个检测点的倒车雷达。当其中一个雷达检测到障碍物距离小于 150cm 时开始通过蜂鸣器的"嘟"声报警,距离越近,"嘟"声越频繁。直到与障碍物的距离小于 10cm 时"嘟"声不间断。

12.5 查阅 LCD12864 的相关资料,使用 LCD12864 代替数码管重新实现示例工程 clock。

12.6 参考示例工程 Wi-Fi,查阅网络通信的相关资料,实现当检测到红外、声音、火焰等时,向处于广域网中的移动终端发送"报警"信息(智能家居类似功能)。

图书资源支持

感谢您一直以来对清华版图书的支持和爱护。为了配合本书的使用，本书提供配套的资源，有需求的读者请扫描下方的“书圈”微信公众号二维码，在图书专区下载，也可以拨打电话或发送电子邮件咨询。

如果您在使用本书的过程中遇到了什么问题，或者有相关图书出版计划，也请您发邮件告诉我们，以便我们更好地为您服务。